轨道交通装备制造业职业技能鉴定指导丛书

数控切割机床操作工

中国北车股份有限公司　编写

中国铁道出版社

2 0 1 5 年·北 京

图书在版编目(CIP)数据

数控切割机床操作工/中国北车股份有限公司编写
—北京:中国铁道出版社,2015.2
(轨道交通装备制造业职业技能鉴定指导丛书)
ISBN 978-7-113-19398-0

Ⅰ.①数… Ⅱ.①中… Ⅲ.①数控机床—职业技能—
鉴定—教材 Ⅳ.①TG659

中国版本图书馆 CIP 数据核字(2014)第 237166 号

轨道交通装备制造业职业技能鉴定指导丛书

书　　名: **数控切割机床操作工**

作　　者:中国北车股份有限公司

策　　划:江新锡　钱士明　徐　艳
责任编辑:曹艳芳　　　　　　　编辑部电话:010-51873193
封面设计:郑春鹏
责任校对:龚长江
责任印制:郭向伟

出版发行:中国铁道出版社(100054,北京市西城区右安门西街 8 号)
网　　址:http://www.tdpress.com
印　　刷:三河市宏盛印务有限公司
版　　次:2015 年 2 月第 1 版　　2015 年 2 月第 1 次印刷
开　　本:787 mm×1 092 mm　1/16　印张:8.5　字数:196 千
书　　号:ISBN 978-7-113-19398-0
定　　价:28.00 元

中国北车职业技能鉴定教材修订、开发编审委员会

序

在党中央、国务院的正确决策和大力支持下,中国高铁事业迅猛发展。中国已成为全球高铁技术最全、集成能力最强、运营里程最长、运行速度最高的国家。高铁已成为中国外交的新名片,成为中国高端装备"走出国门"的排头兵。

中国北车作为高铁事业的积极参与者和主要推动者,在大力推动产品、技术创新的同时,始终站在人才队伍建设的重要战略高度,把高技能人才作为创新资源的重要组成部分,不断加大培养力度。广大技术工人立足本职岗位,用自己的聪明才智,为中国高铁事业的创新、发展做出了重要贡献,被李克强同志亲切地赞誉为"中国第一代高铁工人"。如今在这支近5万人的队伍中,持证率已超过96%,高技能人才占比已超过60%,3人荣获"中华技能大奖",24人荣获国务院"政府特殊津贴",44人荣获"全国技术能手"称号。

高技能人才队伍的发展,得益于国家的政策环境,得益于企业的发展,也得益于扎实的基础工作。自2002年起,中国北车作为国家首批职业技能鉴定试点企业,积极开展工作,编制鉴定教材,在构建企业技能人才评价体系、推动企业高技能人才队伍建设方面取得明显成效。为适应国家职业技能鉴定工作的不断深入,以及中国高端装备制造技术的快速发展,我们又组织修订、开发了覆盖所有职业(工种)的新教材。

在这次教材修订、开发中,编者们基于对多年鉴定工作规律的认识,提出了"核心技能要素"等概念,创造性地开发了《职业技能鉴定技能操作考核框架》。该《框架》作为技能人才评价的新标尺,填补了以往鉴定实操考试中缺乏命题水平评估标准的空白,很好地统一了不同鉴定机构的鉴定标准,大大提高了职业技能鉴定的公信力,具有广泛的适用性。

相信《轨道交通装备制造业职业技能鉴定指导丛书》的出版发行,对于促进我国职业技能鉴定工作的发展,对于推动高技能人才队伍的建设,对于振兴中国高端装备制造业,必将发挥积极的作用。

中国北车股份有限公司总裁:

2015.2.7

前　言

鉴定教材是职业技能鉴定工作的重要基础。2002 年,经原劳动保障部批准,中国北车成为国家职业技能鉴定首批试点中央企业,开始全面开展职业技能鉴定工作。2003 年,根据《国家职业标准》要求,并结合自身实际,组织开发了《职业技能鉴定指导丛书》,共涉及车工等 52 个职业(工种)的初、中、高 3 个等级。多年来,这些教材为不断提升技能人才素质、适应企业转型升级、实施"三步走"发展战略的需要发挥了重要作用。

随着企业的快速发展和国家职业技能鉴定工作的不断深入,特别是以高速动车组为代表的世界一流产品制造技术的快步发展,现有的职业技能鉴定教材在内容、标准等诸多方面,已明显不适应企业构建新型技能人才评价体系的要求。为此,公司决定修订、开发《轨道交通装备制造业职业技能鉴定指导丛书》(以下简称《丛书》)。

本《丛书》的修订、开发,始终围绕促进实现中国北车"三步走"发展战略、打造世界一流企业的目标,努力遵循"执行国家标准与体现企业实际需要相结合、继承和发展相结合、坚持质量第一、坚持岗位个性服从于职业共性"四项工作原则,以提高中国北车技术工人队伍整体素质为目的,以主要和关键技术职业为重点,依据《国家职业标准》对知识、技能的各项要求,力求通过自主开发、借鉴吸收、创新发展,进一步推动企业职业技能鉴定教材建设,确保职业技能鉴定工作更好地满足企业发展对高技能人才队伍建设工作的迫切需要。

本《丛书》修订、开发中,认真总结和梳理了过去 12 年企业鉴定工作的经验以及对鉴定工作规律的认识,本着"紧密结合企业工作实际,完整贯彻落实《国家职业标准》,切实提高职业技能鉴定工作质量"的基本理念,在技能操作考核方面提出了"核心技能要素"和"完整落实《国家职业标准》"两个概念,并探索、开发出了中国北车《职业技能鉴定技能操作考核框架》;对于暂无《国家职业标准》、又无相关行业职业标准的 40 个职业,按照国家有关《技术规程》开发了《中国北车职业标准》。经 2014 年技师、高级技师技能鉴定实作考试中 27 个职业的试用表明:该《框架》既完整反映了《国家职业标准》对理论和技能两方面的要求,又适应了企业生产和技术工人队伍建设的需要,突破了以往技能鉴定实作考核中试卷的难度与完整性评估的"瓶颈",统一了不同产品、不同技术含量企业的鉴定标准,提高了鉴定考核的技术含量,保证了职业技能鉴定的公平性,提高了职业技能鉴定工作质量和管理水平,将成为职业技能鉴定工作、进而成为生产操作者技能素质评价的新标尺。

本《丛书》共涉及 98 个职业(工种),覆盖了中国北车开展职业技能鉴定的所有职业(工种)。《丛书》中每一职业(工种)又分为初、中、高 3 个技能等级,并按职业技能鉴定理论、技能考试的内容和形式编写。其中:理论知识部分包括知识要求练习题与答案;技能操作部分包括《技能考核框架》和《样题与分析》。本《丛书》按职业(工种)分册,并计划第一批出版 74 个职业(工种)。

本《丛书》在修订、开发中,仍侧重于相关理论知识和技能要求的应知应会,若要更全面、系统地掌握《国家职业标准》规定的理论与技能要求,还可参考其他相关教材。

本《丛书》在修订、开发中得到了所属企业各级领导、技术专家、技能专家和培训、鉴定工作人员的大力支持;人力资源和社会保障部职业能力建设司和职业技能鉴定中心、中国铁道出版社等有关部门也给予了热情关怀和帮助,我们在此一并表示衷心感谢。

本《丛书》之《数控切割机床操作工》由长春轨道客车股份有限公司《数控切割机床操作工》项目组编写。主编王胜满,副主编唐振兴;主审方斌,副主审郑永福;参编人员宋卫光、李帅男、张喜忠、周保菊。

由于时间及水平所限,本《丛书》难免有错、漏之处,敬请读者批评指正。

中国北车职业技能鉴定教材修订、开发编审委员会
二○一四年十二月二十二日

目　录

数控切割机床操作工(职业道德)习题

一、填空题

1. 职业道德的行为基础是(　　)。
2. 职业道德行为的最大特点是(　　)。
3. 职业道德行为养成是指按照职业道德规范要求,对(　　)进行有意识的训练和培养。
4. 在市场经济条件下,职业道德具有(　　)的社会功能。
5. 市场经济条件下,职业道德最终将对企业起到(　　)的作用。
6. (　　)是对从业人员工作态度的首要要求。
7. 忠于职守就是要求把自己(　　)的工作做好。
8. 职工必须(　　)各项安全生产规章制度。
9. 工作场地的合理布局,有利于提高(　　)。
10. 职业化包括三个层面内容,其核心层是(　　)。
11. 职业道德体现了(　　)。
12. 职业道德的实质内容是树立全新的(　　)。
13. 我国《劳动法》发生效力的时间是(　　)。
14. 用人单位无故拖欠劳动者工资,除在规定时间内全额支付劳动者工资报酬外,还应加发相当于工资报酬一定比例的经济补偿金,该比例为(　　)％。
15. 某公司安排工人刘路春节期间上班。根据劳动法,该公司应支付其不低于原工资报酬的(　　)％。
16. 涉密单位按照"谁主管谁负责、(　　)"的要求,负责本机关、单位信息系统和信息设备使用保密管理工作。
17. 岗位的(　　)是每个职工必须做到的最基本的岗位工作职责。
18. (　　)为国家执行环境监督管理职能提供法律咨询。
19. 俗话说:国有国法,行有行规。这里的"行规"是指(　　)。
20. (　　),廉洁奉公是每个从业者应具备的道德品质。

二、单项选择题

1. 职业道德是指从事一定职业劳动的人们,在长期的职业活动中形成的(　　)。
(A)行为规范　　　(B)操作程序　　　(C)劳动技能　　　(D)思维习惯
2. 下列选项中属于职业道德范畴的是(　　)。
(A)企业经营业绩　　　　　　　(B)企业发展战略
(C)员工的技术水平　　　　　　(D)人们的内心信念
3. 在市场经济条件下,职业道德具有(　　)的社会功能。

（A）鼓励人们自由选择职业　　　　　　（B）遏制牟利最大化

（C）促进人们的行为规范化　　　　　　（D）最大限度地克服人们受利益驱动

4．工作秘密是指（　　　）。

（A）各级国家机关产生的事项　　　　　（B）涉及机关单位的公务活动和内部管理的事项

（C）不属于国家秘密，又不宜公开　　　 （D）以上三项都对

5．商业秘密包括（　　　）。

（A）技术信息　　　　　　　　　　　　（B）经营信息

（C）技术信息和经营信息　　　　　　　（D）以上都不对

6．符合着装整洁文明生产要求的是（　　　）。

（A）随便着衣　　　　　　　　　　　　（B）未执行规章制度

（C）在工作中吸烟　　　　　　　　　　（D）遵守安全技术操作规程

7．具有高度责任心应做到（　　　）。

（A）方便群众，注重形象　　　　　　　（B）光明磊落，表里如一

（C）工作勤奋努力，尽职尽责　　　　　（D）不徇私情，不谋私利

8．不符合着装整洁文明生产要求的是（　　　）。

（A）按规定穿戴好防护用品　　　　　　（B）遵守安全技术操作规程

（C）优化工作环境　　　　　　　　　　（D）在工作中吸烟

9．工作环境杂乱无章的是（　　　）。

（A）整洁的工作环境可以振奋职工精神　（B）优化工作环境

（C）工作结束后再清除油污　　　　　　（D）毛坯、半成品按规定堆放整齐

10．古人所谓的"鞠躬尽瘁，死而后已"，就是要求从业者在职业活动中做到（　　　）。

（A）忠诚　　　　　（B）审慎　　　　　（C）勤勉　　　　　（D）民主

11．职业道德是从业人员在职业活动中（　　　）。

（A）必须遵循的命令要求　　　　　　　（B）应该积极履行的行为规范

（C）衡量绩效的核心标准　　　　　　　（D）决定前途命运的唯一要素

12．为了促进企业的规范化发展，需要发挥企业文化的（　　　）功能。

（A）娱乐　　　　　（B）主导　　　　　（C）决策　　　　　（D）自律

13．职业道德与人的事业的关系是（　　　）。

（A）职业道德是人成功的充分条件

（B）没有职业道德的人不会获得成功

（C）事业成功的人往往具有较高的职业道德

（D）缺乏职业道德的人往往更容易获得成功

14．现实生活中，一些人不断地从一个企业"跳槽"到另一个企业，虽然在一定意义上有利于人才流动，但同时也说明这些从业人员缺乏（　　　）。

（A）工作技能　　　　　　　　　　　　（B）强烈的职业责任感

（C）光明磊落的态度　　　　　　　　　（D）坚持真理的品质

15．不准在（　　　）场所谈论国家秘密。

（A）办公　　　　　（B）会议　　　　　（C）公共　　　　　（D）以上均是

16．在书面形式的密件中，下面标志方法不正确的是（　　　）。

(A)秘密★长期　　　(B)★秘密　　　(C)机密★5年　　　(D)以上均不正确

17. 爱岗敬业就是对从业人员(　　)的首要要求。

(A)工作态度　　　(B)工作精神　　　(C)工作能力　　　(D)以上均可

18. 遵守法律法规不要求(　　)。

(A)遵守国家法律和政策　　　　　　(B)遵守安全操作规程

(C)加强劳动协作　　　　　　　　　(D)遵守操作程序

19. 事故隐患泛指生产系统中(　　)的人的不安全行为、物的不安全状态和管理上的缺陷。

(A)经过评估　　　(B)存在　　　(C)可导致事故发生　(D)不容忽视

20. 下列(　　)不属于作业人员使用的个人安全防护用品。

(A)安全帽　　　(B)安全带　　　(C)安全网　　　(D)焊接面罩

21. 下列事项中属于办事公道的是(　　)。

(A)顾全大局，一切听从上级　　　　(B)大公无私，拒绝亲戚求助

(C)知人善任，努力培养知己　　　　(D)坚持原则，不计个人得失

22. 在日常接待工作中，对待不同服务对象，态度应真诚热情、(　　)。

(A)尊卑有别　　　(B)女士优先　　　(C)一视同仁　　　(D)外宾优先

三、多项选择题

1. 劳动法的调整对象一般包括(　　)。

(A)雇佣关系　　　　　　　　　　　(B)与就业关系有密切联系的社会关系

(C)劳动关系　　　　　　　　　　　(D)与劳动关系有密切联系的其他社会关系

2. 劳动关系从职业分类角度进行分类，可以分为(　　)。

(A)企业的劳动关系　　　　　　　　(B)国家机关的劳动关系

(C)事业单位的劳动关系　　　　　　(D)外商投资企业的劳动关系

3. 按照劳动合同期限的不同，劳动合同可分为(　　)。

(A)有固定期限的劳动合同　　　　　(B)无固定限期的劳动合同

(C)长期劳动合同　　　　　　　　　(D)以完成一定工作为期限的劳动合同

4.《劳动法》规定，有下列情形之一的，用人单位可以解除劳动合同(　　)。

(A)被依法追究刑事责任的

(B)在试用期间被证明不符合录用条件的

(C)严重违反劳动纪律或用人单位规章制度的

(D)严重失职，对用人单位利益造成重大损害的

5. 根据我国《劳动法》的规定，具有下列情形之一的，企业延长职工工作时间不受限制，具体是(　　)。

(A)企业为了完成紧急生产经营需要，经与职工协商同意

(B)发生重大事故，威胁劳动者生命健康，需紧急处理的

(C)交通运输发生故障，必须及时抢修的

(D)发生地震，需紧急救援的

6. 敬业就是以一种严肃认真的态度对待工作，下列符合的是(　　)。

（A）工作勤奋努力　　　　　　　　　　（B）工作精益求精

（C）工作以自我为中心　　　　　　　　（D）工作尽心尽力

7. 遵守法律法规要求（　　　）。

（A）遵守国家法律和政策　　　　　　　（B）遵守劳动纪律

（C）遵守安全操作规程　　　　　　　　（D）延长劳动时间

8. 以下做法属于爱护设备的做法是（　　　）。

（A）私自拆装设备　　　　　　　　　　（B）正确使用设备

（C）保持设备清洁　　　　　　　　　　（D）及时保养设备

9. 职业技能的特点包括（　　　）。

（A）遗传性　　　　（B）专业性　　　　（C）层次性　　　　（D）综合性

10. 关于职业责任，正确的说法是（　　　）。

（A）不成文的规定，不是职业责任的范畴

（B）一旦与物质利益挂钩，便无法体现职业责任的特点

（C）职业责任包含社会责任

（D）履行职业责任要上升到职业道德责任的高度看待

11. 下列选项中不属于企业文化功能的是（　　　）。

（A）体育锻炼　　　　（B）整合功能　　　　（C）歌舞娱乐　　　　（D）社会交际

12. 职业道德活动中，以下对客人的做法不符合语言规范的具体要求的是（　　　）。

（A）言语细致，反复介绍　　　　　　　（B）语速要快，不浪费客人时间

（C）用尊称，不用忌　　　　　　　　　（D）语气严肃，维护自尊

13. 在商业活动中，符合待人热情要求的是（　　　）。

（A）严肃待客，表情冷漠　　　　　　　（B）主动服务，细致周到

（C）微笑大方，不厌其烦　　　　　　　（D）亲切友好，宾至如归

14. 特殊就业群体人员包括（　　　）。

（A）妇女　　　　（B）残疾人　　　　（C）未成年人　　　　（D）少数民族人员

15. 我国处理劳动争议，应当遵循以下原则（　　　）。

（A）着重调解，及时处理原则　　　　　（B）依法处理原则

（C）公正处理原理　　　　　　　　　　（D）三方原则

16. 单位工作人员阅读、处理国家秘密文件、资料，不应在（　　　）进行。

（A）公共场合　　　　（B）办公室　　　　（C）家中　　　　（D）商场中

17. 没有保持工作环境清洁有序的是（　　　）。

（A）不随时清除油污和积水　　　　　　（B）不在通道上放置物品

（C）不能保持工作环境卫生　　　　　　（D）毛坯、半成品不按规定堆放整齐

18. 在生产过程中，下列（　　　）属于事故。

（A）人员死亡　　　　（B）人员受伤　　　　（C）财产损失　　　　（D）设备损失

19. 事故隐患泛指生产系统中导致事故发生的（　　　）。

（A）人的不安全行为　　　　　　　　　（B）自然因素

（C）物的不安全状态　　　　　　　　　（D）客观因素

20. 安全生产法律法规包括安全生产方面的（　　　）。

(A)国家标准 　　　　　　(B)行政法规

(C)行为规范 　　　　　　(D)地方法规

21. 下面关于职业道德与职工关系的说法中,正确的是( )。

(A)职业道德是职工事业成功的重要条件

(B)企业把职业道德素质状况作为录用员工与否的重要条件

(C)职业道德不利于跳槽、升迁

(D)职业道德有利于职工人格的升华

22. 下列做法中,符合诚实守信职业道德要求的是( )。

(A)会计总是按照上司的要求上报统计数字

(B)客户反映电器质量问题,该电器公司为其进行维修或更换

(C)员工对企业上司早请示,晚汇报

(D)某汽车公司实施招回制度

四、判 断 题

1. 职业道德具有自愿性的特点。( )

2. 职业道德不倡导人们的牟利最大化观念。( )

3. 国家秘密的密级分为绝密、机密、秘密三个级别。( )

4. 密级定得越高越重视保密工作。( )

5. 工作人员要做到:不该说的秘密不说,不该问的秘密不问,不该提供的秘密不提供,不该知悉的秘密不知悉。( )

6. 遵守法纪、廉洁奉公是每个从业者应具备的道德品质。( )

7. 生产中可自行制定工艺流程和操作规程。( )

8. 具有高度责任心要做到:工作勤奋努力,精益求精,尽职尽责。( )

9. 整洁的工作环境可以振奋职工精神,提高工作效率。( )

10. 职业化的核心层是职业化技能。( )

11. 职业道德是社会道德在职业行为和职业关系中的具体表现。( )

12. 奉献社会是职业道德中的最高境界。( )

13. 职业道德是指从事一定职业的人们,在长期职业活动中形成的操作技能。( )

14. 在市场经济条件下,克服利益导向是职业道德社会功能的表现。( )

15. 市场经济条件下,应该树立多转行多学知识多长本领的择业观念。( )

16. 保密期限在1年及1年以上的,以年计;保密期限在1年以内的,以月计。( )

17. 从业者要遵守国家法纪,但不必遵守安全操作规程。( )

18. 办事公道即是市场的内在要求,更是市场经济良性运作的有效保证。( )

19. 劳动既是个人谋生手段,也是为社会服务的途径。( )

20. 职工必须严格遵守各项安全生产规章制度。( )

21. 对待职业和岗位,一职定终身,不改行是爱岗敬业所要求的。( )

数控切割机床操作工(职业道德)答案

一、填空题

1. 从业者的职业道德素质
2. 自觉性和习惯性
3. 职业道德行为
4. 促进人们的行为规范化
5. 提高竞争力
6. 爱岗敬业
7. 职业范围内
8. 严格遵守
9. 劳动生产率
10. 职业化素养
11. 从业者对所从事职业的态度
12. 社会主义劳动态度
13. 1995 年 1 月 1 日
14. 25
15. 300
16. 谁使用谁负责
17. 质量要求
18. 环境保护法
19. 行业职业道德规范
20. 遵纪守法

二、单项选择题

1. A　　2. D　　3. C　　4. D　　5. C　　6. D　　7. C　　8. D　　9. C
10. C　　11. B　　12. D　　13. C　　14. B　　15. C　　16. B　　17. C　　18. C
19. C　　20. C　　21. D　　22. C

三、多项选择题

1. CD　　2. ABC　　3. ABD　　4. ABCD　　5. BCD　　6. ABD　　7. ABC
8. BCD　　9. BCD　　10. CD　　11. ACD　　12. ABD　　13. BCD　　14. ABD
15. ABCD　　16. ACD　　17. ACD　　18. ABCD　　19. AC　　20. BD　　21. ABD
22. BD

四、判断题

1. ×　　2. ×　　3. √　　4. ×　　5. √　　6. √　　7. ×　　8. √　　9. √
10. ×　　11. √　　12. √　　13. ×　　14. ×　　15. ×　　16. √　　17. ×　　18. √
19. √　　20. √　　21. ×

数控切割机床操作工(中级工)习题

一、填 空 题

1. 激光切割无( )磨损。

2. 激光切割无( )作用于工件上。

3. 激光加工不受( )干扰,可以在大气中进行切割。

4. 激光切割与高压水射流切割相比,切割速度( )。

5. 激光切割中,低碳钢内磷、硫偏析区的存在会引起切边的( )。

6. 利用惰性气体作为辅助气体,激光切割不锈钢可获得( ),可直接用来焊接。

7. 激光切割不锈钢时,( )有阻止氧气进入熔化材料内部的特性,而使进入熔化层的氧气量减少,熔化层氧化不完全,反应减少,最终使切割速度降低。

8. 不锈钢激光切割时采用氧气切割效果很好,但是很难获得( )的切缝。

9. 与切割低碳钢相比,同样的激光功率下,铝合金的切割速度和可切板厚( )。

10. 铝合金对激光有高的( )和热导率。

11. 铜与铝相似,对激光具有( )并具有高热导率。

12. 激光加工区应设有( )装置,做到室内空气流畅。

13. 高压水射流切割增加喷嘴直径可以提高( )。

14. 高压水射流切割中,喷嘴喷射方向与工件加工面的垂线之间的夹角称为( )。

15. 高压水射流切割喷射距离,指从喷嘴到( )的距离。

16. 高压水射流切割速度过快除了可能导致切割面粗糙外,还有可能导致( )。

17. ( )是否良好,对高压水射流切割质量有很大影响。

18. 等离子弧的温度主要是指( )的温度。

19. 如果采用手工调整割嘴到钢板的距离,被切钢板要( )。

20. 在一定的参量下,等离子切割速度过高、气压过低时,切割面的倾斜度( )。

21. ( )是最重要的切割工艺参数,直接决定了切割的厚度和速度,即切割能力。

22. 等离子切割系统需要( )的工作气体才能正常工作。

23. 火焰切割时,回火或回流通常发生在( )。

24. 一般来说,火焰切割 200 mm 以下的钢板使用( )可以获得较好的切割质量。

25. 火焰切割时,采用( )的对称切割方法,可以有效地防止切割变形。

26. 直条切割时应注意各个切割割嘴的火焰强弱应一致,否则易产生( )。

27. 数控,即数字控制,以( )对机床运动及加工过程进行控制的一种方法。

28. 数控机床坐标系一般选用( )坐标系。

29. 数控机床( )程度高,可以减轻操作人员劳动强度。

30. 直线感应同步尺和长光栅属于( )的位移测量元件。

31. 数控机床接口是指( )与机床及机床电气设备之间的电气连接部分。

32. 工作坐标系是编程人员在( )使用的坐标系,是程序的参考坐标系。

33. 加工程序可分为主程序和( )。

34. 自动编程是利用微机和专用软件,以( )方式确定加工对象和加工条件,自动进行运算和生成指令。

35. 进给系统的驱动方式有液压伺服进给和( )伺服进给系统两类。

36. 按反馈方式不同,加工中心的进给系统分闭环控制、( )控制和开环控制三类。

37. 当进给系统不安装位置检测器时,该系统称为( )控制系统。

38. 伺服电动机是伺服系统的关键部件,它的性能直接决定数控机床的运动和( )。

39. 数控机床程序编制的方法有三种:即手工编程、( )和 CAD/CAM。

40. 光栅属于光学元件,是一种高精度的( )。

41. 在闭环和半闭环伺服系统中,是用( )和指令信号的比较结果来进行速度和位置控制的。

42. 用数字化信号对机床的运动极其( )进行控制的机床,称为数控机床。

43. 连续控制数控机床又称( )数控机床。

44. 现代 CNC 机床是由软件程序、( )、运算及控制装置、伺服驱动、机床本体、机电接口等几部分组成。

45. 伺服系统的主要功能是接收来自数控系统的( )。

46. 自动编程系统主要分为语言输入式和( )式两类。

47. 零件的源程序,是编程人员根据被加工零件的几何图形和工艺要求,用( )编写的计算机输入程序。

48. 可编程序控制器是一种( )运算操作的电子系统,主要为在工业环境下应用而设计。

49. PLC 控制程序可变,在生产工艺流程改变的情况下,不必改变硬件,只需改变( )就可以满足需要。

50. 顺序控制系统的一系列加工运动都是按照要求的( )进行。

51. CNC 装置由硬件和( )组成,软件在硬件的支持下运行,离开软件硬件便无法工作,两者缺一不可。

52. CNC 装置的工作是在硬件的支持下,执行( )的全过程。

53. 数控机床实现插补运算较为成熟并得到广泛应用的是( )插补和圆弧插补。

54. 数控机床按控制运动轨迹分为点位控制、直线控制和( )等几种。

55. 在轮廓控制中,为了保证一定的精度和编程方便,通常需要有刀具长度和( )补偿功能。

56. 自动编程又称为计算机辅助编程。其定义是:利用计算机和相应的前置、( )处理程序对零件进行处理,以得到加工程序单和数控穿孔的一种编程方法。

57. 计算机辅助设计简称( )。

58. 数控系统的发展方向将紧紧围绕着性能、价格和( )三大因素进行。

59. 数控加工程序的定义是按规定格式描述零件( )和加工工艺的数控指令集。

60. 位置控制主要是对数控机床的进给运动( )进行控制。

61. 机床原点是机床的每个移动轴（　　　）的极限位置。

62. 激光编程时,应设置先切割（　　　）的轮廓,较大的轮廓放在最后割。

63. 顶丝对套类零件起（　　　）作用,因此应定期检查不能松动。

64. 弹簧垫圈是一种常用的（　　　）零件。

65. 单向阀是（　　　）控制阀。

66. 计算机数控系统简称（　　　）。

67. 现代 CNC 机床是由软件程序、（　　　）、运算及控制装置、伺服驱动、机床本体、机电接口等几部分组成。

68. 所有坐标点均以坐标系原点作为坐标位置的起点,并以此计算各点的坐标系,该坐标系叫（　　　）坐标系。

69. 伺服系统的主要功能是接收来自数控系统的（　　　）。

70. 液压传动系统的重要组成部分之一是（　　　）,它是用来传递能量的工作介质。

71. 设备润滑的"三过滤"是指入库过滤、发放过滤、（　　　）。

72. 机床工作不正常,且发现机床参数变化不定,说明控制系统内部（　　　）需要更换。

73. NC 装置是数控机床的核心,包括硬件和（　　　）。

74. 数控机床的加工精度主要由（　　　）的精度来决定。

75. 数控机床接口是指（　　　）与机床及机床电气设备之间的电气连接部分。

76. 进给系统的驱动方式有（　　　）伺服进给和电气伺服进给系统两类。

77. 如果不能在操作台上排除故障,而需要干预机床本身,则务必要按（　　　）按钮。

78. 按照电器的动作方式可分为（　　　）、自动电器两类。

79. 在机械行业中,几乎所有的工作机械都用电动机拖动,这种方式称为（　　　）。

80. 液压系统中的油缸属于（　　　）部分。

81. 液压系统中的油箱属于（　　　）部分。

82. 通快激光切割机的定位激光二极管用（　　　）定位切削头。

83. 图标 ☀ 警告有危险的（　　　）。

84. 图表 ⚠ 警告有（　　　）。

85. 通快激光切割机切削头光学透镜清洁的保养周期为（　　　）个运行小时。

86. 激光切割机在切割碳钢时,通常使用的切割气体是（　　　）。

87. 电动机用字母（　　　）表示。

88. 熔断器用字母（　　　）表示。

89. 接触器用字母（　　　）表示。

90. 用脉冲数编程时,坐标轴移动的距离的计量单位是数控系统的（　　　）。

91. 每天对机床液压系统的检查项目有:（　　　）有无异常噪声,工作油面高度是否合适,压力表指示是否正常,管路及各接头有无泄漏。

92. 数控系统硬件故障是指只有更换（　　　）,故障才能排除。

93. 型号为 LMXVII 30-TF6000 的田中激光切割机有（　　　）台水冷机。

94. 常用电器在控制系统中按职能不同可分为（　　　）和保护电器两类。

95. 将含有粉尘或烟尘的气体捕集,并用管道输送至除尘设备,除去含尘气体中的粉尘或烟尘,然后将净化后的气体排至大气,这一套设施称为(　　　)。

96. 通快激光切割机 X 轴和 Y 轴的齿条清洁的保养周期为(　　　)个运行小时。

97. 激光切割机在切割不锈钢时,通常使用的切割气体是(　　　)。

98. 当图样上注出总体尺寸后,各位置尺寸和大小尺寸首尾相接。即是(　　　)的尺寸链。

99. 尺寸界线一般应与尺寸线垂直,必要时才允许(　　　)。

100. 机械图样是按照正投影法绘制的,并采用(　　　)画法。

101. 主视图为(　　　)投影所得到的图形。

102. 图样中机件要素的线性尺寸与(　　　)机件的相应要素的线性尺寸之比叫比例。

103. 一直线或平面,对另一直线或平面的倾斜程度叫(　　　)。

104. 一条直线或曲线围绕固定轴线旋转而形成的表面,这条直线或曲线通常称为(　　　)。

105. 将机件的某一部分向基本投影面投影所得到的视图称为(　　　)。

106. 将机件倾斜部分旋转到某一选定的基本投影面平行后再向该投影面投影所得的视图称为(　　　)。

107. 画在视图轮廓之间的剖面图称为(　　　)。

108. 用来确定各封闭图形与基准线之间,相对位置的尺寸称为(　　　)。

109. 要便于加工与测量是标注(　　　)的注意事项。

110. 装配图两零件的接触面和配合面只画(　　　)线。

111. 通过测量得到的尺寸是(　　　)尺寸。

112. 允许尺寸的变动量称为(　　　)。

113. 用去除材料方法获得的表面结构符号是(　　　)。

114. 允许间隙和过盈的变动量称为(　　　)。

115. 基本偏差是(　　　)偏差。

116. 角度单位的基准是(　　　)基准。

117. 1 分[(1/60)°]等于(　　　)弧度。

118. 测量误差有:绝对误差和(　　　)误差。

119. 游标量具是(　　　)制造业中应用十分广泛的量具。

120. 万能游标量角器为(　　　)型两种。

121. 万能游标量角器的刻线原理即是(　　　)原理。

122. 百分表小针是指示大针的(　　　)数。

123. 百分表的刻度盘圆周上刻成(　　　)等分。

124. 我国规定以米及其他的十进倍数和分数作为(　　　)测量的基本单位。

125. 测量结果与真值的一致程度叫(　　　)。

126. 千分尺类测量器具是利用(　　　)运动原理进行测量和读数的,测量的准确度高。

127. 外径千分尺测微螺杆的螺距为(　　　)mm,微分筒圆锥面上一圈的刻度是 50 格。

128. 万能量具有(　　　),可在一定范围内测出零件的任何尺寸大小。

129. 标准量具是用以代表测量(　　　)倍数和分数的量具。

130. 测量器具是量具、量仪和其他用于(　　　)目的的技术装置的总称。

131. 选用计量器具需综合考虑准确度指标、适用性能和(　　　)三个方面的要求,做到既经济又可靠。

132. 平面度或直线度检验时刀口尺、三棱尺，采用（　　）法测量。

133. 切割速度直接影响切口宽度和切口断面（　　）。

134. 质量检查的依据有：（　　）、工艺文件、国家或行业标准、有关技术文件或协议。

135. 首件检查是质量控制的重要形式。工序产品必须进行自检，只有（　　）产品才能进行专检。

136. 不锈钢料件、铝料件与碳钢料架、料箱不能直接接触，需用（　　）材料隔开。

137. 设备在切割时，尽可能从边缘开始切割，并要按说明书的要求，（　　）与工件表面的距离要合理，不许过载使用喷嘴，否则将损坏喷嘴。

138. 工艺规程是生产准备工作的（　　）。

139. 工艺规程制定的原则是优质、高产、（　　），即在保证产品质量的前提下，争取最好的经济效益。

140. 排料加工比单件加工能大幅度提高原材料的（　　）。

141. 工艺准备时需要核对技术文件对应的图纸版本，若图纸版本升级，相应的工艺文件（　　）。

142. 加工板幅较小的原材料时，尽量将原材料放置在（　　）。

143. "锁扣起枪"是适用于切割（　　）的有效方法。

144. 氧乙炔火焰切割机常用的割嘴型号有（　　）。

145. 点、线、面、立体等几何要素在三面投影体系中的投影称为（　　）。

146. 格栅表面被大量熔渣覆盖会影响切割料件的断面、（　　）。

147. 对于图纸粗糙度要求高于 $Ry25(Rz25)$ 的切割面留机械加工量，机械加工量于板厚有关，一般取（　　）mm。

148. 高压水射流切割加工较其余热切割不会产生燃烧区和（　　）。

149. 每次排料加工前，需要核对（　　）与程序是否一致，确认无误后方可执行切割命令。

150. 操作者要进行首件鉴定工作，召集（　　）、编程人员、检查人员到现场对首件进行鉴定，填好程序验证记录单，制件验证合格后才可进行批量生产。

151. 数控机床按功能水平分类可分为（　　）档。

152. 加工余量按加工表面的形状不同可分为单边余量、（　　）两种。

153. 力学性能包括（　　）、硬度、韧性、疲劳强度等几个方面。

154. 机械性能又称（　　）性能。

155. 当原材料（　　）无法确定时，坚决不允许切割。

156. 中性层在弯曲过程中的长度和弯曲前一样，保持不变，所以中性层是计算弯曲件展开长度的（　　）。

157. 我国规定以米及其他的十进倍数和分数作为（　　）测量的基本单位。

158. 数控机床在工件加工前为了使机床达到热平衡状态，必须使机床空运转（　　）以上。

159. 加工程序可分为主程序和（　　）。

160. 长期使用的精密量具，要定期送计量站进行保养和（　　）。

161. 激光割嘴报废的主要原因是（　　）。

162. 中性层位置与变形程度有关,当弯曲半径较大,折弯角度较小时,变形程度较小,中性层位置靠近板料厚度的( )。

163. 板厚 30 mm 的不锈钢,下料选择的最优加工工艺是( )切割。

164. 高压水射流切割被切割材料的物理、( )不发生改变。

165. 激光切割机在切割( )材质板材时,会产生大量的熔渣依附在格栅上。

166. 零件的源程序,是编程人员根据被加工零件的几何图形和工艺要求,用( )编写的计算机输入程序。

二、单项选择题

1. 以下激光切割类型中应用最广的切割方法是( )。
(A)熔化切割　　(B)氧化助熔切割　　(C)控制断裂切割　　(D)汽化切割

2. 激光切割板厚增加,则应采用( )的喷嘴。
(A)较大直径　　(B)较小直径　　(C)任意直径均可　　(D)较贵

3. 通常,10 mm 以内碳钢可良好地进行激光( ),切缝也窄。
(A)熔化切割　　(B)氧化助熔切割　　(C)控制断裂切割　　(D)汽化切割

4. 利用( )作为辅助气体,激光切割不锈钢可获得无氧化切边,可直接用来焊接。
(A)空气　　(B)惰性气体　　(C)氧气　　(D)氮气

5. ( )激光切割氧气切割效果很好,但是很难获得完全无黏渣的切缝。
(A)不锈钢　　(B)碳钢　　(C)铝合金　　(D)镍基合金

6. 铜合金切割时要采用较高的激光功率,辅助气体采用( )。
(A)空气或氧气　　(B)氧气或氮气　　(C)空气或氮气　　(D)任意辅助气体

7. 2 mm 以下镍基合金( )进行激光切割。
(A)可以
(B)不可以
(C)根据合金成分不同,部分可以
(D)根据料厚不同,部分可以

8. 非金属材料是激光的良好吸收体,热导率( )。
(A)小　　(B)大　　(C)无明显规律　　(D)不确定

9. 陶瓷材料激光切割属于( )类型。
(A)熔化切割　　(B)氧化助熔切割　　(C)控制断裂切割　　(D)汽化切割

10. 有机玻璃材料激光切割属于( )类型。
(A)熔化切割　　(B)氧化助熔切割　　(C)控制断裂切割　　(D)汽化切割

11. 以下行为属于非安全生产的行为有( )。
(A)在激光加工场地设有栅栏、屏风等
(B)激光加工工作台采用玻璃等防护装置
(C)激光器设备不用可靠接地,电容器组有放大措施
(D)维修门应有连锁装置

12. 以下加工方法中没有热影响区的是( )。
(A)激光切割　　(B)火焰切割　　(C)等离子切割　　(D)高压水射流切割

13. 高压水射流切割使用( )作为工作介质。
(A)气体　　(B)磨料　　(C)水　　(D)以上都不是

14. 程序运行过程中如果出现故障,应立即( )。

(A)关闭电源 　　(B)按进给暂停键 　　(C)继续加工 　　(D)不作处理

15. 无论零件的轮廓曲线多么复杂,都可以用若干直线段或圆弧段去逼近,但必须满足允许的( )。

(A)编程误差 　　(B)编程指令 　　(C)编程语言 　　(D)编程路线

16. 使用纯水型高压水射流切割机时,如果发现水流无透明区,应检查( )。

(A)喷嘴 　　(B)水压力 　　(C)磨料供给 　　(D)以上都不是

17. 等离子切割与( )相比,具有最大切割厚度大,设备投资少的特点。

(A)激光切割 　　(B)火焰切割 　　(C)高压水射流切割 　　(D)以上均是

18. 在一定的参量下,等离子切割如果( ),则挂渣严重,不易清除,切割面粗糙度较差。

(A)切割速度过高、气压过高 　　　　(B)切割速度过低、气压过高

(C)切割速度过低、气压过低 　　　　(D)切割速度过高、气压过低

19. 等离子切割功率相同的情况下,切割( )的速度比切割钢件速度快。

(A)铜件 　　(B)铝件 　　(C)以上均是 　　(D)以上均不是

20. 以下几种材质,在等离子切割功率相同的情况下,切割速度相对最慢的是( )。

(A)铝 　　(B)钢 　　(C)铜 　　(D)速度一样

21. 发现等离子切割过程中产生"双弧",应立刻( )。

(A)继续切割 　　(B)向上级汇报 　　(C)远离,防止危险 　　(D)切断电源

22. 如果火焰切割的钢板表面锈蚀或有氧化皮,容易产生( )缺陷。

(A)上边缘塌边 　　　　(B)水滴状熔豆串

(C)上边缘有挂渣 　　　　(D)上边缘下方有凹形

23. 属于( )缺陷。

(A)上边缘塌边 　　　　(B)水滴状熔豆串

(C)切割断面上边缘有挂渣 　　　　(D)切割断面上边缘下方,有凹形

24. 割缝从上到下收缩,上宽下窄,可能是由于( )原因造成的。

(A)切割速度太慢 　　　　(B)切割速度太快

(C)割嘴与工件之间高度太小 　　　　(D)切割压力太低

25. 火焰切割切口不垂直,出现斜角,可能由于( )。

(A)风线不正 　　　　(B)切割速度太快

(C)切割速度太慢 　　　　(D)使用割嘴号太大

26. 火焰在钢板上切割不同尺寸料件时,应该( )。

(A)先切割小件,后割大件 　　　　(B)先切割大件,后割小件

(C)随意切割 　　　　(D)只切割大件

27. 数控的产生依赖于数据载体和( )形式数据运算的出现。

(A)二进制 　　(B)五进制 　　(C)十进制 　　(D)十六进制

28. 主轴采用数字控制时,系统参数可用( )设定,从而使调整操作更方便。

(A)数字   (B)电位器   (C)指令   (D)模拟信号

29. 程序运行过程中如果出现故障,应立即( )。

(A)关闭电源   (B)按进给暂停键   (C)继续加工   (D)不作处理

30. 程序段前面加"/"符号表示( )。

(A)不执行   (B)停止   (C)跳跃   (D)单程序

31. 与程序段号的作用无关的是( )。

(A)加工步骤标记   (B)程序检索   (C)人工查找   (D)宏程序无条件调用

32. 数控机床作空运行试验的目的是( )。

(A)检验加工精度   (B)检验功率

(C)检验程序是否能正常运行   (D)检验程序运行时间

33. 下面的检测装置( )可直接将被测转角或位移量转化成相应代码。

(A)光电盘   (B)编码盘   (C)感应同步器   (D)旋转变压器

34. 计算机辅助制造进行的内容有( )。

(A)进行过程控制及数控加工   (B)CAD

(C)工程分析   (D)机床调整

35. 在 CNC 系统中,插补功能的实现通常采用( )。

(A)全部硬件实现

(B)粗插补由软件实现,精插补由硬件实现

(C)粗插补由硬件实现,精插补由软件实现

(D)无正确答案

36. 下面哪种方式分类不属于数控机床的分类方式( )。

(A)按运动方式分类   (B)按用途分类

(C)按坐标轴分类   (D)按主轴在空间的位置分类

37. 下列哪种方式不属于加工轨迹的插补方法( )。

(A)逐点比较法   (B)时间分割法

(C)样条计算法   (D)等误差直线逼近法

38. 下列哪种伺服系统的精度最高( )。

(A)开环伺服系统   (B)闭环伺服系统

(C)半闭环伺服系统   (D)闭环、半闭环系统

39. 直流伺服电动机主要适用于( )伺服系统中。

(A)开环,闭环   (B)开环,半闭环   (C)闭环,半闭环   (D)开环

40. 光栅中,标尺光栅与指示光栅的栅线应( )。

(A)相互平行   (B)互相倾斜一个很小的角度

(C)互相倾斜一个很大角度   (D)处于任意位置均可

41. 无论零件的轮廓曲线多么复杂,都可以用若干直线段或圆弧段去逼近,但必须满足允许的( )。

(A)编程误差   (B)编程指令   (C)编程语言   (D)编程路线

42. 计算机辅助制造应具有的主要特性是( )。

(A)适应性、灵活性、高效率等   (B)准确性、耐久性等

(C)系统性、继承性等　　　　　　　　(D)知识性、趣味性等

43. 数控机床的信息输入方式有(　　)。

(A)按键和 CRT 显示器　　　　　　(B)磁带、磁盘

(C)手摇脉冲发生器　　　　　　　　(D)以上均正确

44. 下列哪种检测元件检测线位移(　　)。

(A)旋转变压器　　　(B)光电盘　　　(C)感应同步器　　　(D)无正确答案

45. 在数控机床的组成中,其核心部分是(　　)。

(A)输入装置　　　(B)运算控制装置　　　(C)伺服装置　　　(D)机电接口电路

46. 闭环伺服系统结构特点(　　)。

(A)无检测环节　　　　　　　　　　(B)直接检测工作台的位移、速度

(C)检测伺服电机转角　　　　　　　(D)检测元件装在任意位置

47. 下列哪种检测元件,不属于位置检测元件(　　)。

(A)测速发电机　　　(B)旋转变压器　　　(C)编码器　　　(D)光栅

48. 不属于程序编辑键的是(　　)。

(A)INSRT　　　(B)ALTER　　　(C)INPUT　　　(D)DELET

49. 数控机床中,零点是在程序中给出的坐标系是(　　)。

(A)机床坐标系　　　(B)工件坐标系　　　(C)局部坐标系　　　(D)绝对坐标系

50. 数控机床是装备了(　　)的机床。

(A)程控装置　　　(B)数控系统　　　(C)继电器　　　(D)软件

51. CNC 装置是数控机床的(　　)。

(A)主体　　　(B)辅助装置　　　(C)核心　　　(D)进给装置

52. CNC 硬件包括印刷电路板、(　　)、键盘。

(A)程序　　　(B)参数　　　(C)显示器　　　(D)电机

53. 数控机床的进给系统由 NC 发出指令,通过伺服系统最终由(　　)来完成坐标轴的移动。

(A)电磁阀　　　(B)伺服电机　　　(C)变压器　　　(D)测量装置

54. 顺序控制系统的一系列加工运动都是按照要求的(　　)进行。

(A)指令　　　(B)代码　　　(C)顺序　　　(D)格式

55. 数控系统的管理部分包括输入、I/O 处理、显示、(　　)。

(A)译码　　　(B)刀具补偿　　　(C)位置控制　　　(D)诊断

56. 检测元件在数控机床中的作用是检测移位和速度,发送(　　)信号,构成闭环控制。

(A)反馈　　　(B)数字　　　(C)输出　　　(D)电流

57. 闭环控制方式的移位测量元件应采用(　　)。

(A)长光栅尺　　　(B)旋转变压器　　　(C)圆光栅　　　(D)光电式脉冲编码器

58. 可编程序控制器采用了(　　)的存储器。

(A)只读　　　(B)随机存取　　　(C)串行　　　(D)可编程

59. PLC 控制程序可变,在生产流程改变的情况下,不必改变(　　),就可以满足要求。

(A)硬件　　　(B)数据　　　(C)程序　　　(D)汇编语言

60. PLC 是一种功能介于继电器控制和(　　)控制之间的自动控制装置。

(A)计算机 　　　(B)顺序 　　　(C)P10 　　　(D)逻辑

61. 在设计顺序程序时,使用得最多的是(　　)。

(A)功能指令 　　(B)基本指令 　　(C)G 代码 　　(D)顺序结束指令。

62. 用于制造机械零件和工程构件的合金钢称为(　　)。

(A)碳素钢 　　(B)合金结构钢 　　(C)合金工具钢 　　(D)特殊性能钢

63. 带传动按传动原理分为(　　)和啮合式两种。

(A)连接式 　　(B)摩擦式 　　(C)滑动式 　　(D)组合式

64. 链传动是由链条和具有特殊齿形的链轮组成的传递(　　)和动力的传动。

(A)运动 　　(B)扭矩 　　(C)力矩 　　(D)能量

65. 按(　　)不同可将齿轮传动分为圆柱齿轮传动和圆锥齿轮传动两类。

(A)齿轮形状 　　(B)用途 　　(C)结构 　　(D)大小

66. 常用固体润滑剂可以在(　　)下使用。

(A)低温高压 　　(B)高压低温 　　(C)低温低压 　　(D)高温高压

67. 常用固体润滑剂有(　　)。

(A)钠基润滑脂 　　(B)锂基润滑脂 　　(C)N7 　　(D)石墨

68. 锯条安装后,锯条平面与锯弓中心平面(　　),否则锯缝易歪斜。

(A)平行 　　(B)倾斜 　　(C)扭曲 　　(D)无所谓

69. 调整锯条松紧时,翼形螺母旋得太松,锯条(　　)。

(A)锯削省力 　　(B)锯削费力 　　(C)不会折断 　　(D)易折断

70. 錾子一般由碳素钢锻成,经热处理后使其硬度达到(　　)。

(A)40～55HRC 　　(B)55～65HRC 　　(C)56～62HRC 　　(D)65～75HRC

71. 锉销外圆弧面时,采用对着圆弧面锉的方法试用于(　　)场合。

(A)粗加工 　　(B)精加工 　　(C)半精加工 　　(D)粗加工和精加工

72. 麻花钻的两个螺旋槽表面就是(　　)。

(A)主后刀面 　　(B)副后刀面 　　(C)前刀面 　　(D)切削平面

73. 图像符号中文字符 SQ 表示(　　)。

(A)常开触头 　　(B)常闭触头 　　(C)符合触头 　　(D)常闭辅助触头

74. 错误的触电救护措施是(　　)。

(A)迅速切断电源 　　(B)人工呼吸 　　(C)胸外挤压 　　(D)打强心针

75. 齿轮的径向尺寸均以(　　)的轴线为标准基准。

(A)外圆 　　(B)齿顶圆 　　(C)内花键 　　(D)分度圆

76. FLOW 水刀切割机当砂箱的上部红色指示灯不亮时,表示砂箱(　　)。

(A)砂量过多 　　(B)砂量不足 　　(C)砂量正好 　　(D)砂中水过多

77. 液压系统中,冬季与夏季用油不同的目的是为了保持(　　)。

(A)油压不变 　　(B)流量不变 　　(C)黏度相近 　　(D)效果相同

78. 导轨按工作情况,可分为主运动导轨、进给运动导轨、移置导轨等多种,主运动导轨担负设备(　　)的导向和承载。

(A)相对运动 　　(B)绝对运动 　　(C)加速运动 　　(D)主体运动

79. 目前机床导轨中应用最为普遍的还是(　　)。

(A)静压导轨　　　　(B)滑动导轨　　　　(C)塑料导轨　　　　(D)滚动导轨

80. 统一规定机床坐标轴和运动正负方向的目的是(　　)。

(A)方便操作　　　　(B)简化程序　　　　(C)规范使用　　　　(D)统一机床设计

81. 型号为 LMXVII 30-TF6000 的田中激光切割机是(　　)数控系统。

(A)SIEMENS　　　　(B)BOSCH　　　　(C)FANUC　　　　(D)田中

82. 数控机床坐标系,X 轴是由(　　)代表。

(A)右手拇指　　　　(B)左手拇指　　　　(C)右手中指　　　　(D)左手中指

83. 激光气体不包括(　　)。

(A)氦气　　　　(B)二氧化碳　　　　(C)氧气　　　　(D)氮气

84. 高压水射流切割机每班工作前要检查硬水软化箱里的(　　)以及冷却水箱里的水是否充足。

(A)水　　　　(B)盐　　　　(C)油　　　　(D)其他液体

85. 数控机床按数控装置的类型分为硬件式和(　　)。

(A)伺服进给类　　　　(B)软件式　　　　(C)金属成型类　　　　(D)经济型

86. 数控机床作空运行试验的目的是(　　)。

(A)检验加工精度　　　　　　　　　　(B)检验功率

(C)检验程序是否能正常运行　　　　(D)检验程序运行时间

87. 不同机型的同类机床操作面板和外形结构(　　)。

(A)是相同的　　　　(B)有所不同　　　　(C)完全不同　　　　(D)无正确答案

88. 精细等离子切割机切割时下列哪个不属于工作气体(　　)。

(A)氮气　　　　(B)氩气　　　　(C)氧气　　　　(D)以上均不是

89. PLC 是一种功能介于继电器控制和(　　)控制之间的自动控制装置。

(A)计算机　　　　(B)顺序　　　　(C)P10　　　　(D)逻辑

90. 数控机床是装备了(　　)的机床。

(A)程控装置　　　　(B)数控系统　　　　(C)继电器　　　　(D)软件

91. 液压系统的执行机构部分是液压油缸,液动机等它们用来带动部件将液体压力能转换为使工作部件运动的(　　)。

(A)机械能　　　　(B)电能　　　　(C)热能　　　　(D)动能

92. 程序运行过程中如果出现故障,应立即(　　)。

(A)关闭电源　　　　(B)按进给暂停键　　　　(C)继续加工　　　　(D)不作处理

93. 机床停止按钮通常为(　　)颜色。

(A)黑　　　　(B)绿　　　　(C)红　　　　(D)黄

94. 分水滤气器是为了得到(　　)的压缩空气所必需的一种基本元件。

(A)有润滑　　　　(B)洁净、干燥　　　　(C)稳定的压力　　　　(D)方向一定

95. 从电网向工作机械的电动机供电的电路称为(　　)。

(A)动力电路　　　　(B)控制电路　　　　(C)信号电路　　　　(D)保护电路

96. 数控机床的进给系统由 NC 发出指令,通过伺服系统最终由(　　)来完成坐标轴的移动。

(A)电磁阀　　　　(B)伺服电机　　　　(C)变压器　　　　(D)测量装置

97. 在量具量仪的选用原则中,计量器具的测量范围必须满足（　　）。

(A)图纸技术要求　　　　　　　　　(B)被测件的尺寸要求

(C)被测件的材质要求　　　　　　　(D)装配要求

98. 在量具量仪的选用原则中,计量器具的精度等级必须满足（　　）。

(A) 装配要求图纸技术要求　　　　　(B)被测件的尺寸公差

(C)被测件的大小　　　　　　　　　(D) 被测件的形状

99. 游标卡尺的单位（　　）。

(A)mm　　　　　(B)cm　　　　　(C)dm　　　　　(D) m

100. 游标卡尺由（　　）部分组成。

(A)一　　　　　(B)两　　　　　(C)三　　　　　(D) 四

101. 游标卡尺的读数分整数和小数两部分,其整数部分在（　　）上读。

(A)直尺　　　　　(B)副尺　　　　　(C)主尺　　　　　(D) 米尺

102. 用游标卡尺测量,在读数时,视线尽可能与所读刻线（　　）。

(A)正对　　　　　(B)成左斜视　　　　　(C)成右斜视　　　　　(D) 成 45°

103. 通过万能游标量角器可读出被测角的（　　）角度值。

(A)0°～320°　　　(B)0°～350°　　　(C)0°～330°　　　(D)0°～340°

104. 万能游标量角器读数的方法与（　　）相似。

(A)直尺　　　　　(B)游标卡尺　　　　　(C)角尺　　　　　(D)百分表

105. 如果千分尺与被测面接触正确,那么等棘轮一发出"咔咔"响声,就（　　）了。

(A)可停止　　　　　(B)可使用　　　　　(C)可以读数　　　　　(D)可测量

106. 读数时,如果没有必要,最好不从（　　）上取下千分尺。

(A)工件　　　　　(B)设备　　　　　(C)工作台　　　　　(D)被测件

107. 测量时,千分尺的螺杆轴线与被测（　　）应一致。

(A)零件　　　　　(B)尺寸线　　　　　(C)轴线　　　　　(D)工件中心

108. 使用或保存千分表时,要严防水、油、冷却液等液体及灰尘（　　）。

(A)等杂物　　　　　(B)温度高等　　　　　(C)温度低等　　　　　(D)进入表内

109. 质量的基本单位（　　）。

(A)g　　　　　(B)mg　　　　　(C)kg　　　　　(D)t

110. 1 mm^3＝（　　）cm^3。

(A)0. 01　　　　　(B)0. 001　　　　　(C)0. 1　　　　　(D)1

111. 1 t＝（　　）kg。

(A)1　　　　　(B)100　　　　　(C)1 000　　　　　(D)10 000

112. 温标的国际单位是（　　）。

(A)K(热力学温标)　(B)℃(摄氏温标)　(C)华氏温标　　　(D)兰氏温标

113. 钢直尺测量工件时误差（　　）。

(A)较大　　　　　(B)最大　　　　　(C)较小　　　　　(D)最小

114. 测量精度要求较高的外径尺寸时,应选用（　　）测量。

(A)卡尺、卡规　　　(B)外径千分尺　　　(C)百分表　　　　(D)千分表

115. 能够清晰地表达出物体的形状和大小的是（　　）。

(A)立体图　　　　(B)平面图　　　　(C)剖视图　　　　(D)辅助视图

116. 不属于辅助视图的是(　　)。

(A)斜视图　　　　(B)左视图　　　　(C)局部视图　　　　(D)旋转视图

117. 在生产过程中用来指导加工和检验零件的图样称为(　　)。

(A)总装图　　　　(B)部件图　　　　(C)示意图　　　　(D)零件图

118. 对零件的尺寸规定了一个允许变动范围即尺寸公差,是为了使零件具有(　　)。

(A)准确性　　　　(B)可加工性　　　　(C)互换性　　　　(D)可检性

119. 零件的基本尺寸是指(　　),公差等于最大极限尺寸与最小极限尺寸之差的绝对值。

(A)设计给定的尺寸　(B)最大尺寸　　　(C)最小尺寸　　　(D)长度尺寸

120. 图纸幅面为297×420是(　　)图。

(A)A2　　　　(B)A0　　　　(C)A3　　　　(D)A4

121. 斜投影法是投射线(　　)投影面的投影方法。

(A)垂直于　　　　(B)平行于　　　　(C)相交于　　　　(D)倾斜于

122. 一个物体可有(　　)基本投影方向。

(A)两个　　　　(B)三个　　　　(C)四个　　　　(D)六个

123. 长对正,高平齐,宽相等是表达了(　　)关系。

(A)投影　　　　(B)三视图　　　　(C)轴测图　　　　(D)制图要求

124. 用来确定各封闭图形与基准线之间相对位置的尺寸称为(　　)。

(A)基准尺寸　　　　(B)封闭尺寸　　　　(C)定位尺寸　　　　(D)定形尺寸

125. 图样更改区的内容,按(　　)的顺序填写,也可以根据情况顺延。

(A)由下而上　　　　(B)由上而下　　　　(C)由左至右　　　　(D)由右至左

126. 图样中角度数字一律写成(　　)。

(A)水平方向　　　　(B)垂直方向　　　　(C)随角度变化　　　　(D)没有规定

127. 机械图样是按照正投影法绘制的,并采用(　　)。

(A)第一角　　　　(B)第二角　　　　(C)第三角　　　　(D)第四角

128. 图样是由物体三个面表达出来的,这三个面表达的每个面形状称为(　　)。

(A)三视图　　　　(B)视图　　　　(C)图样　　　　(D)零件图

129. 国标中规定的几种图纸幅面中,幅面最小的是(　　)。

(A)A0　　　　(B)A1　　　　(C)A2　　　　(D)A4

130. 物体三视图的投影规律是,主俯视图应(　　)。

(A)长对正　　　　(B)高平齐　　　　(C)宽相等　　　　(D)上下对齐

131. 在机械零件图上标注"比例1:2"表示(　　)。

(A)图样比实物大　　　　　　　(B)图样比实物小

(C)图样和实物一样大　　　　　(D)图样与实物大小无关

132. 切割过程中为避免小件倾斜导致碰撞,通常采用(　　)方式。

(A)微连接　　　　(B)格栅加密　　　　(C)隔排切割　　　　(D)隔件切割

133. 无论零件的轮廓曲线多么复杂,都可以用若干直线段或圆弧段去逼近,但必须满足允许的(　　)。

(A)编程误差　　　　(B)编程指令　　　　(C)编程语言　　　　(D)操作误差

134. 标准公差带共划分( )个等级。

(A)18　　　　(B)20　　　　(C)22　　　　(D)25

135. 一张展开图尺寸链的环数至少有( )个。

(A)2　　　　(B)3　　　　(C)4　　　　(D)5

136. 含碳量在( )之间的碳素钢切削加工性较好。

(A)0.15%~0.25%　　　　　　　　(B)0.2%~0.35%

(C)0.35%~0.45%　　　　　　　　(D)0.1%~0.15%

137. 氧乙炔切割机可以用来切割( )。

(A)不锈钢　　　　(B)碳钢　　　　(C)铝合金　　　　(D)钛合金

138. 在一定的生产条件下,以最少的劳动消耗和最低的成本费用,按( )的规定生产出合格的产品是制定工艺规程应遵循额原则。

(A)产品质量　　　　(B)生产计划　　　　(C)工艺标准　　　　(D)工艺规程

139. 直接改变原材料、毛坯等生产对象的( ),使之变为成品或变成品的过程称为工艺过程。

(A)形状和性能　　　　　　　　(B)尺寸和性能

(C)形状和尺寸　　　　　　　　(D)形状、尺寸和性能

140. 加工工艺规程是规定产品或零部件制造工艺过程和操作方法的( )。

(A)工艺文件　　　　(B)工艺规程　　　　(C)工艺教材　　　　(D)工艺方法

141. 保持工作环境清洁有序的是( )。

(A)不随时消除油污和积水　　　　　　(B)不在通道上放置物品

(C)不能保持从工作环境卫生　　　　　(D)毛坯、变成品不安规定堆放整齐

142. 激光切割最小孔直径为( )。

(A)2 倍板厚　　　　(B)3 倍板厚　　　　(C)4 倍板厚　　　　(D)5 倍板厚

143. 某一尺寸减其基本尺寸,所得代数差称为( )。

(A)公差　　　　(B)上偏差　　　　(C)尺寸偏差　　　　(D)下偏差

144. 表面结构代号中的数字单位是( )。

(A)dm　　　　(B)cm　　　　(C)μm　　　　(D)mm

145. 加工中心的基本功能及性能包括( )。

(A)高度自动化　　　　　　　　(B)大功率和高精度

(C)高速度及高可靠性　　　　　(D)以上均正确

146. 加工工艺规程是规定产品或零部件制造工艺过程和( )的工艺文件。

(A)加工顺序　　　　(B)操作方法　　　　(C)工艺安排　　　　(D)组织生产

147. 识读装配图的步骤是先( )。

(A)识读标题栏　　　　(B)看明细表　　　　(C)看视图配置　　　　(D)看标注尺寸

148. 国标中规定的几种图纸幅面中,幅面最大的是( )。

(A)A0　　　　(B)A1　　　　(C)A2　　　　(D)A3

149. 氧乙炔火焰切割时在引弧点将材料预热到( ),然后喷射氧气流,使金属剧烈燃烧。

(A)燃点　　　　(B)沸点　　　　(C)1 000 ℃　　　　(D)10 000 ℃

150. 氧乙炔火焰切割时,氧气的纯度应( )。

(A)大于50% (B)小于50% (C)小于99% (D)大于99%

151. 氧乙炔火焰切割为保证高切割速度、切口平整、表面光洁,应选用( )。

(A)普通割嘴 (B)快速割嘴 (C)大割嘴 (D)小割嘴

152. 激光气体不包括( )。

(A)氦气 (B)二氧化碳 (C)氧气 (D)一氧化碳

153. 细等离子切割机可以切割8~16 mm( ),也可以承担6~12 mm 铝合金。

(A)不锈钢 (B)钛合金 (C)碳钢 (D)胶合板

154. 精细等离子切割机切割最小孔径为( )mm。

(A)40 (B)50 (C)60 (D)70

155. 企业的质量方针不是( )。

(A)企业总方针的重要组成部分 (B)企业的岗位责任制度
(C)每个职工必须熟记的质量准则 (D)每个职工必须贯彻的质量准则

156. 件图上标注符号表示( )。

(A)粗糙度是用去除材料的方法获得 (B)形位公差
(C)粗糙度是用不去除材料的方法获得 (D)垂直度

157. 下列哪种机床不属于点位控制数控机床( )。

(A)数控钻床 (B)坐标镗床 (C)数控冲床 (D)数控车床

158. 下面哪种方式分类不属于数控机床的分类方式( )。

(A)按运动方式分类 (B)按用途分类
(C)按坐标轴分类 (D)按主轴在空间的位置分类

159. 数控机床的信息输入方式有( )。

(A)按键和CRT显示器 (B)磁带、磁盘
(C)手摇脉冲发生器 (D)以上均正确

160. 违反安全操作规程的是( )。

(A)严格村收生产纪律 (B)遵守安全操作规程
(C)执行国家劳动保护政策 (D)可使用不熟悉的机床和工具

161. 不属于岗位质量要求的内容是( )。

(A)对各个岗位质量工作的具体要求 (B)各项质量记录
(C)操作程序 (D)市场需求

162. 金属材料下列参数中,( )属于力学性能。

(A)熔点 (B)密度 (C)硬度 (D)磁性

163. 绘制展开图时,将局部放大时,( )。

(A)必须加注"放大"二字 (B)必须加注符号"X处放大"
(C)必须加注"放大倍数角度" (D)可省略标注

164. 以下材质属于不锈钢的是( )。

(A)20Cr (B)9SiCr (C)GCr15 (D)O6Cr19Ni10

165. 一台高压水射流切割机的工作台面为2 000 mm×4 000 mm,以下哪种规格的铝板可以在这台机床上切割( )。

(A)60×1 250×2 500　　　　　　(B)5×2 200×4 000

(C)20×1 250×6 000　　　　　　(D)3×2 500×8 000

166. 铝具有的特性之一是(　　　)。

(A)良好的导热性　　(B)较差的导电性　　(C)较高的强度　　(D)较高的硬度

三、多项选择题

1. 以下特点属于激光切割的是(　　　)。

(A)切割质量好　　　　　　　　　(B)切割效率高、节省材料

(C)具有广泛的适应性和灵活性　　　(D)对环境污染大

2. 熔化切割主要应用切割(　　　)等材料。

(A)不锈钢　　　　　(B)碳钢　　　　　(C)铝合金　　　　　(D)钛合金

3. 以下加工方式属于热加工方式的有(　　　)。

(A)激光切割　　　　(B)火焰切割　　　　(C)高压水射流切割　(D)等离子切割

4. 影响低碳钢激光切割性能的主要因素包括(　　　)。

(A)激光功率　　　　　　　　　　(B)切割速度

(C)辅助气体压力　　　　　　　　(D)工件与光束焦点的间距

5. 以下关于激光切割碳钢工件说法正确的是(　　　)。

(A)精细切割区是切面光滑,无黏渣的区域

(B)镀锌薄钢板切割时,近缝区锌涂层不受影响

(C)随着功率密度的提高,切割速度和可切割板厚均可增加

(D)切割的板厚增加,应采用较大直径的喷嘴和较高的氧气压力,以防止烧坏切口边缘

6. 影响不锈钢激光切割质量最重要的工艺参量是(　　　)。

(A)板厚　　　　　(B)激光功率　　　　(C)氧气压力　　　　(D)焦长

7. 铝合金的起切十分困难,主要是由于(　　　)。

(A)高反射率　　　(B)黏附物不易去除　(C)高热导率　　　　(D)切割质量不好

8. 以下材料可用于激光切割的有(　　　)。

(A)木材　　　　　(B)塑料　　　　　(C)橡胶　　　　　(D)皮革

9. 以下哪些物品不能存放在激光加工区域(　　　)。

(A)灭火器材　　　(B)油漆　　　　　(C)木材　　　　　(D)机油

10. 以下对人体有害的有(　　　)。

(A)激光加工反射率较高材料时产生的漫反射

(B)激光加工某些特殊材料产生的烟尘

(C)激光加工反射率较高材料时产生的强反射光

(D)激光切割设备上设有警告标志和信号灯

11. 以下说法属于高压水射流切割技术优势的有(　　　)。

(A)切割时工件材料不会受热变形

(B)加工材料范围较窄

(C)加工过程中作为"刀具"的高速水流不会变"钝"

(D)切割速度相对较快

12. 以下材料可用高压水射流切割加工的有(　　)。

(A)陶瓷　　　　　　　　　　　　　(B)钛合金

(C)模具钢　　　　　　　　　　　　(D)高速钢(HRC30 以下)

13. 理论上高压水射流切割可以切割任何材料,实际使用中用途主要是(　　)。

(A)切割非可燃性材料　　　　　　　(B)切割可燃性材料

(C)切割易燃易爆材料　　　　　　　(D)以上都不是

14. 以下(　　)可能导致工件产生缺口。

(A)磨料的流动性不良　　　　　　　(B)工件固定不良

(C)水压过低　　　　　　　　　　　(D)喷嘴磨损

15. 以下缺陷属于高压水射流切割缺陷的有(　　)。

(A)切割面倾斜　　　　　　　　　　(B)工件背面出现黏渣

(C)切割面粗糙　　　　　　　　　　(D)产生缺口

16. 等离子切割时,在电压、电流稳定的情况下,以下影响切割质量的因素有(　　)。

(A)电极质量　　　　　　　　　　　(B)喷嘴质量

(C)割嘴高度与稳定　　　　　　　　(D)切割速度与工作气压的匹配

17. 在电压、电流稳定的情况下,以下影响切割质量的因素有(　　)。

(A)电极质量　　　　　　　　　　　(B)喷嘴质量

(C)割嘴高度与稳定　　　　　　　　(D)切割速度与工作气压的匹配

18. 等离子切割参数有很多,主要有(　　)。

(A)切割电流　　　　(B)切割速度　　　　(C)电弧电压　　　　(D)喷嘴高度

19. 以下内容,可能引起等离子切割割不透的是(　　)。

(A)切割速度太快　　　　　　　　　(B)切割功率不够

(C)喷嘴高度过大　　　　　　　　　(D)气体流量过小

20. 以下内容,可能产生等离子切割断弧的是(　　)。

(A)气体流量太小　　　　　　　　　(B)喷嘴高度过大

(C)钨极内收缩量过大　　　　　　　(D)喷嘴冷却差

21. 火焰切割时,以下内容容易产生回火的是(　　)。

(A)割炬质量低劣　　　　　　　　　(B)割炬老化,密封不严

(C)割炬被堵塞　　　　　　　　　　(D)以上均不是

22. 火焰切割时,以下属于影响切割质量的三个基本要素的是(　　)。

(A)预热时间　　　　(B)气体　　　　(C)切割速度　　　　(D)割嘴高度

23. 火焰切割时,以下(　　)可能是因为切割速度过快造成的。

(A)切割断面出现凹陷　　　　　　　(B)切割上边缘熔化塌边

(C)挂渣　　　　　　　　　　　　　(D)切割下边缘产生圆角

24. 火焰切割时,在切割断面尤其是中间部位与凹陷,可能是(　　)造成的。

(A)切割速度太快　　　　　　　　　(B)切割压力太低,割嘴堵塞或损坏

(C)使用的割嘴号较大　　　　　　　(D)切割氧压力过高,风线受阻变坏

25. 关于火焰切割以下说法正确的是(　　)。

(A)窄长条形板的切割,长度两端留出 50 mm 不割,待割完长边后在割断

(B)在钢板上切割不同尺寸的工件时,应先切割小件,后割大件

(C)直条切割时应注意各个切割割嘴的火焰强弱应一致,否则易产生旁弯

(D)窄长条形板的切割可采用多割炬的对称切割的方法

26. 制造工业现代化的重要基础是(　　)。

(A)数控技术　　　(B)电子技术　　　(C)数控装备　　　(D)大型装备

27. 数控机床较普通机床有(　　)等优点。

(A)精度高　　　　　　　　　　(B)效率高

(C)质量容易控制　　　　　　　(D)有效降操作者低劳动强度

28. 近期机械工程 CAD 系统所必须具备的基本条件是(　　)。

(A)数据库　　　(B)生产管理软件包　(C)图形支撑系统

(D)工艺编程软件系统　　(E)计算方法库

29. 数控加工编程前要对零件的几何特征,如(　　)等轮廓要素进行分析。

(A)平面　　　(B)　直线　　　(C)轴线　　　(D)曲线

30. 采用自动编程方法(　　)等优点。

(A)效率高　　　(B)可靠性好　　　(C)程序正确率高　　(D)程序不稳定

31. 编制加工程序时往往需要合适的刀具起始点,刀具的起始点就是(　　)。

(A)程序的起始点　　(B)换刀点　　　(C)编程原点　　　(D)机床原点

32. 下列哪几个命令是固定循环命令(　　)。

(A)G81　　　(B)G84　　　(C)G71　　　(D)G83

33. 取消刀具补偿的指令是(　　)。

(A)G40　　　(B)G80　　　(C)G50　　　(D)G49

34. 数控机床适用于加工(　　)的零件。

(A)复杂　　　(B)精密　　　(C)小批量　　　(D)多品种

35、开放式数控系统已成为数控系统发展的一个潮流,以下叙述属于开放式数控系统特征的是(　　)。

(A)与工业 PC 软硬件兼容　　　　(B)具有可扩展性

(C)便于二次开发　　　　　　　　(D)机箱敞开

36. 数控装置不包括(　　)。

(A)信息输入输出和处理装置　　　(B)步进电机和驱动装置

(C)位置检测与反馈装置　　　　　(D)机床本体

37. 直流伺服电机常用作(　　)系统的驱动电机。

(A)开环控制的进给　　　　　　　(B)半闭环控制的进给

(C)全闭环控制的进给　　　　　　(D)主轴运动

38. 圆弧插补编程时,半径的取值与(　　)无关。

(A)圆弧的相位　　(B)圆弧的角度　　(C)圆弧的方向　　(D)ABC 都有关

39. 可用作插补的准备功能代码是(　　)。

(A)G01　　　(B)G03　　　(C)G02　　　(D)G04

40. 编程时使用刀具补偿有如下优点:下列说法正确的是(　　)。

(A)计算方便　　(B)编制程序简单　　(C)便于修正尺寸　　(D)便于测量

41. 一个完善的 CAD 系统,应包括(　　)。

(A)互式图形程序库　　　　　　　　(B)工程数据库

(C)应用程序库　　　　　　　　　　(D)图纸资料库

42. 计算机辅助制造是利用计算机对制造过程进行(　　)。

(A)设计　　　　(B)管理　　　　(C)控制　　　　(D)检测

43. 计算机辅助制造包括(　　)等内容。

(A)工艺设计　　　(B)数控编程　　　(C)机器人编程　　　(D)图纸管理

44. 按系统的功能范围,CAD/CAM 系统可分为(　　)。

(A)通用系统　　　(B)专用系统　　　(C)交互式系统　　　(D)自动化系统

45. 按运行方式,CAD/CAM 系统可分为(　　)。

(A)通用系统　　　(B)专用系统　　　(C)交互式系统　　　(D)自动化系统

46. CAD/CAM 系统从硬件角度可分为(　　)。

(A)主机系统　　　(B)工作站系统　　　(C)微机系统　　　(D)生产系统

47. 计算机在设计和制造中的辅助作用主要体现在(　　)方面。

(A)数值计算　　　(B)数据存储与管理　　(C)图样绘制　　　(D)质量监控

48. 常见的 CAD/CAM 软件包括(　　)。

(A)UG　　　(B)CATIA　　　(C)AUTO CAD　　　(D)PHOTOSHOP

49. 按国家标准"数字控制机床位置精度的评定方法"(GB 10931—89)规定,数控坐标轴定位精度的评定项目有(　　)三项。

(A)坐标轴的原点复归精度　　　　　(B)轴线的定位精度

(C)轴线的反向差值　　　　　　　　(D)轴线的重复定位精度

50. 按机床的运动轨迹来分,数控机床可分为(　　)。

(A)点和直线控制　　　(B)轮廓控制　　　(C)开环控制　　　(D)闭环控制

51. 半径自动补偿命令包括(　　)。

(A)G40　　　(B)G41　　　(C)G42　　　(D)G43

52. 表示程序结束的指令有(　　)。

(A)M01　　　(B)M02　　　(C)M03　　　(D)M30

53. 一个数控程序由(　　)组成。

(A)开始符、结束符　　　(B)程序名称　　　(C)程序主体　　　(D)结束指令

54. 线位移测量装置有(　　)。

(A)直线磁栅　　　(B)长光栅　　　(C)直线式感应同步尺　　　(D)脉冲编码器

55. 直流伺服电机调速方法有(　　)。

(A)调节电枢输电电压　　　　　　　(B)增大摩擦阻力

(C)减弱励磁磁通　　　　　　　　　(D)改变电枢回路电阻

56. CNC 系统控制软件的结构特点是(　　)。

(A)单任务　　　(B)多任务　　　(C)并行处理　　　(D)实时中断处理

57. 数控技术的发展趋势是(　　)。

(A)大功率　　　(B)高精度　　　(C)CNC 智能化　　　(D)高速度

58. 数控机床一般由主机(　　)以及其他一些附属设备组成。

(A)数控装置　　　(B)伺服驱动系统　　(C)辅助装置　　　(D)编程机

59. 离合器的作用是使同一轴的两根轴,或轴与轴上的空套传动件随时接通或断开,以实现机床的( )等。

(A)启动　　　　　(B)停车　　　　　(C)扩大螺距　　　(D)变速

60. 不违反安全操作规程的是( )。

(A)严格遵守生产纪律　　　　　　　(B)遵守安全操作规程

(C)执行国家劳动保护政策　　　　　(D)可使用不熟悉的机床和工具

61. 带传动由( )组成的。

(A)带　　　　　　(B)链条　　　　　(C)齿轮　　　　　(D)带轮

62. 齿轮传动由( )组成的。

(A)从动齿轮　　　(B)圆锥齿轮　　　(C)主动齿轮　　　(D)机架

63. 按用途不同螺旋传动可分为( )三种类型。

(A)调整螺旋　　　(B)滑动螺旋　　　(C)传动螺旋　　　(D)传力螺旋

64. 螺旋传动主要由( )组成的。

(A)螺杆　　　　　(B)机架　　　　　(C)螺柱　　　　　(D)螺母

65. 润滑剂的作用有( )。

(A)润滑作用　　　(B)冷却作用　　　(C)防锈作用　　　(D)密封作用

66. 符合熔断器选择原则的是( )。

(A)根据使用环境选择类型　　　　　(B)根据负载性质选择类型

(C)根据线路电压选择其额定电压　　(D)分段能力应小于最大短路电流

67. 接触器适用于( )。

(A)频繁通断的电路　　　　　　　　(B)电机控制电路

(C)大容量控制电路　　　　　　　　(D)室内照明电路

68. 电流对人体的伤害程度与( )有关。

(A)通过人体电流的大小　　　　　　(B)通过人体电流的时间

(C)触电者的性格　　　　　　　　　(D)电流通过人体的部位

69. 符合安全用电措施的是( )。

(A)电气设备要有绝缘电阻　　　　　(B)电气设备安装要正确

(C)采用各种保护措施　　　　　　　(D)使用手电钻不准戴绝缘手套

70. 下面做法正确的是( )。

(A)运动部件停稳前不得进行操作　　(B)不跨越运动的机轴

(C)运动部件上不得放置物品　　　　(D)运动部件上可少放些工具

71. 离合器的种类较多,常用的有( )。

(A)叶片离合器　　(B)摩擦离合器　　(C)超越　　　　　(D)啮合式离合器

72. 起保护作用的电气元件有( )。

(A)空气开关　　　(B)接触器　　　　(C)热保护继电器　(D)保险

73. 人体触电方式分为( )。

(A)电击　　　　　(B)电吸　　　　　(C)电摔　　　　　(D)电伤

74. 电动机的分类正确的是( )。

(A)异步电动机和同步电动机   (B)三项电动机和单项电动机

(C)主动电动机和被动电动机   (D)交流电动机和直流电动机

75. 电流对人体的伤害程度与( )有关。

(A)触电源的电位   (B)通过人体电流的时间

(C)电流通过人体电流的大小   (D)通过人体的部位

76. 下面哪些属于常用的丝锥种类( )。

(A)手用丝锥   (B)机用丝锥   (C)螺母丝锥   (D)锥形螺纹丝锥

77. 在数控机床中回车键为确认键 ⬦ 一般用于( )。

(A)程序启动   (B)在程序列表中选用程序后

(C)数据输入时   (D)在菜单列表内进行选择后

78. 常用的密封圈有( )。

(A)O 型   (B)Y 型   (C)V 型   (D)U 型

79. 通快激光切割机在射束与射口对中过程中,下面哪些属于所需要的辅助设备、工具和材料( )?

(A)不干胶带   (B)激光防护眼镜   (C)热敏纸   (D)毡笔

80. 属于通快激光切割机的冷却循环回路的是( )。

(A)KK2-AL 冷却循环回路   (B)KK1-Cu 冷却循环回路

(C)KK2-Fe 冷却循环回路   (D)KK1-Fe 冷却循环回路

81. 常用的传动方式有( )。

(A)电力传动   (B)机械传动   (C)液压传动   (D)气动传动

82. 通快激光切割机在养护切削头光学透镜时,需要的材料有( )。

(A)透镜清洁用纸   (B)存丙酮   (C)TOPOL 2   (D)纯棉棉球

83. 机床坐标系包括哪些轴( )。

(A)X 轴   (B)Y 轴   (C)U 轴   (D)Z 轴

84. 通常在( )情况下要进行回零操作。

(A)机床接通电源以后   (B)机床产生报警而复位清零以后。

(C)每加工完一个工件以后   (D)机床急停以后

85. 数控机床的信息输入方式有( )。

(A)按键和 CRT 显示器   (B)磁带、磁盘

(C)手摇脉冲发生器   (D)U 盘

86. 数控火焰切割机使用的切割气体有下面哪些( )。

(A)氢气   (B)乙炔气体   (C)氧气   (D)氮气

87. 激光切割机工作时使用的切割气体有( )。

(A)氧气   (B)二氧化碳   (C)氮气   (D)氢气

88. 按运动方式,数控机床可分为( )。

(A)点位控制   (B)点位直线控制   (C)轮廓控制   (D)闭环控制

89. 根据反馈方式不同,控制系统可分为( )。

(A)开环控制控制系统   (B)随动控制系统

(C)闭环控制系统   (D)半闭环控制系统

90. 以下关于数控机床伺服系统过热的可能原因分析,哪项不正确( )。

(A)机床摩擦力矩过大或电动机因切削力增加而过载

(B)速度控制单元故障

(C)伺服电动机有故障

(D)变压器有故障

91. 下面属于液压系统基本回路的有( )。

(A)压力控制回路　　　　　　　　(B)速度控制回路

(C)方向控制回路　　　　　　　　(D)同步控制回路

92. 游标卡尺的读数部分由( )组成。

(A)尺身　　　(B)尺框　　　(C)游标　　　(D)量爪

93. 万能游标量角器的测量精度为( )。

(A)8′　　　(B) 5′　　　(C)2′　　　(D)6′

94. 常见国际基本单位有( )。

(A)m、kg、s　　(B) A、T、mol、cd

(C)cm、kg、s　　(D) A、K、mol、cd

95. 常用的游标卡尺读数值为( )三种。

(A)0.02 mm　　(B)0.05 mm　　(C)0.10 mm　　(D)0.20 mm

96. 量具应实行定期( )。

(A)鉴定　　　(B) 清洗　　　(C)保养　　　(D)除油

97. 千分尺的测量范围分( )等。

(A)0～25 mm　　(B)50～100 mm　　(C)25～50 mm　　(D)测量范围任意可调

98. 质量检查的依据有( )和有关技术文件或协议。

(A)产品图纸　　(B)工艺文件　　(C)国家或行业标准　　(D)经验数据

99. 在量具量仪的选用原则中,计量器具的等级在满足精度要求条件下,应尽量选用( )的计量器具。

(A)成本高　　　(B)耐用　　　(C)成本低　　　(D)高精度

100. 测量时对游标卡尺与被测件的接触力松紧度的要求是( )。

(A)大些　　　(B)适中　　　(C)适当　　　(D)紧压

101. 长度的基本单位 1 m＝( )。

(A)100 cm　　(B)0.01 km　　(C)1 000 mm　　(D) 10 dm

102. 千分尺测量准确度高,按用途可分为( )三种。

(A)外径千分尺　　(B)内径千分尺　　(C)深度千分尺　　(D)高度千分尺

103. 最常用的长度测量器具有( )。

(A)游标卡尺　　(B)千分尺　　(C)游标量角器　　(D)百分表

104. 千分尺的工作原理是从( )的相对运动而来。

(A)螺杆　　　(B)副尺　　　(C)主尺　　　(D)螺母

105. 一工件长度尺寸的真值为 $L_0 = 50$ mm,测量时,所允许的测量误差为 $\Delta L = 1$ mm。以下测得值在公差范围内的是( )。

(A)49.25 mm　　(B)49.75 mm　　(C)50.25 mm　　(D)50.5 mm

106. 对于公差,以下叙述不正确的是(　　　)。

(A)公差只能大于零,故公差值前应标"＋"号

(B)公差没有正、负的含义

(C)公差只能大于零,故公差值前面不应该标"＋"号

(D)公差可能有负值,故公差值前面应标"＋"和"－"号

107. 测量误差是(　　　)之差。

(A)被测量真值　　　(B)平均结果　　　(C)计算结果　　　(D)测量结果

108. 零件图样中,能够准确地表达物体的(　　　)的图形称为图样。

(A)形状　　　(B)尺寸　　　(C)技术要求　　　(D)形状及技术要求

109. 下列量具中,属于游标类量具的是(　　　)。

(A)游标深度尺　　　(B)游标高度尺　　　(C)游标齿厚尺　　　(D)外径千分尺

110. 标注尺寸要便于(　　　)。

(A)测量　　　(B)安装　　　(C)画图　　　(D)加工

111. 在机械制图中,通常所说的三视图是指(　　　)。

(A)右视图　　　(B)左视图　　　(C)主视图　　　(D)俯视图

112. 国标中规定的几种图纸幅面中,对于(　　　)幅面图纸,允许同时加长两边。

(A)A2　　　(B)A1　　　(C)A0　　　(D)A4

113. 零件图上可以表示出零件的(　　　)。

(A)形状　　　　　　　　　　(B)尺寸

(C)公差　　　　　　　　　　(D)与有关零件的装配关系

114. 曲面体和平面体的截交线分别是(　　　)。

(A)曲面线　　　(B)射线　　　(C)曲线　　　(D)直线

115. 构成零件几何特征的要素有(　　　)。

(A)基准　　　(B)点　　　(C)线　　　(D)面

116. 细实线在机械制图中一般应用于(　　　)。

(A)尺寸线及尺寸界线　　　　　　(B)剖面线

(C)重合断面的轮廓线　　　　　　(D)螺纹牙底线

117. 细点划线在机械制图中一般应用于(　　　)。

(A)成形前轮廓线　　　(B)轴线　　　(C)对称中心线　　　(D)轨迹线

118. 细虚线在机械制图中一般应用于(　　　)。

(A)不可见棱边线　　　　　　　　(B)不可见轮廓线

(C)工艺结构轮廓线　　　　　　　(D)相邻件轮廓线

119. 在零件图的标题栏中,可以查看到零件的(　　　)等信息。

(A)用途　　　(B)名称　　　(C)代号　　　(D)材质

120. 剖视图按剖切范围的不同可分为(　　　)。

(A)全剖视图　　　(B)旋转剖视图　　　(C)局部剖视图　　　(D)半剖视图

121. 尺寸界线用细实线绘制,并应由图形的(　　　)处引出。

(A)轮廓线　　　(B)对称中心线　　　(C)剖切位置线　　　(D)轴线

122. 焊缝符号一般由基本符号与指引线组成。必要时可以加上(　　　)和焊缝尺寸符号。

(A)辅助符号　　　　(B)方法符号　　　　(C)补充符号　　　　(D)强度符号

123. 机械图样上表示零件表面结构的符号有三种,分别表示(　　　)。

(A)表面可用任何方法获得　　　　　　(B)表面是用去除材料方法获得

(C)表面是用涂镀方法获得　　　　　　(D)表面是用不去除材料方法获得

124. 一份完整的装配图应该具有一组视图,(　　　　),零件序号、明细表和标题栏四个内容。

(A)文字说明　　　(B)必要的尺寸　　　(C)加工方法　　　(D)技术要求

125. 人读零件图时,应首先读标题栏,从标题栏中可以了解到零件的(　　　)等。

(A)技术要求　　　(B)名称　　　　(C)比例

(D)材料　　　　　(E)精度等级　　　(F)复杂程度

126. 装配图中标注的尺寸包括(　　　)等。

(A)规格尺寸　　　(B)装配尺寸　　　(C)安装尺寸　　　(D)总体尺寸

127. 制定工艺规程的目的主要是(　　　)。

(A)充分发挥机床的效率　　　　　　(B)减少工的劳动强度

(C)指导工人的操作　　　　　　　　(D)便于组织生产和实施工艺管理

(E)按时完成生产计划　　　　　　　(F)改善工人的劳动条件

128. 激光割嘴的磨损形式有(　　　)。

(A)初期磨损　　　(B)中期磨损　　　(C)正常磨损　　　(D)非正常磨损

129. 割嘴的磨损阶段有(　　　)。

(A)正常磨损阶段　(B)非正常磨损阶段　(C)初磨阶段

(D)中磨阶段　　　(E)急剧磨损阶段

130. 工艺参数对氧乙炔火焰切割的质量影响很大,其中切割面粗糙产生的原因是(　　　)。

(A)切割时氧气压力过高　　　　　　(B)割嘴选用不当

(C)切割速度太快　　　　　　　　　(D)预热火焰能量过大

131. 以下孔径可以在氧乙炔火焰切割上实现(　　　)。

(A)ϕ70　(B)ϕ80　(C)ϕ90　(D)ϕ40　(E)ϕ45　(F)ϕ60

132. 以下数控切割工艺中,能实现共线切割以节约原材料的切割工艺为(　　　)。

(A)激光切割　　　(B)高压水射流切割　(C)精细等离子　　(D)氧乙炔火焰切割

133. 使用激光切割时,拷贝完源程序需要(　　　)后,方可执行切割命令。

(A)根据图纸等技术资料检查源程序的准确性

(B)原材料材质是否与下料票相同

(C)根据程序查看原材料定尺是否满足

(D)机床开机

134. 割嘴(　　　),会影响切割的效果。

(A)形状　　　　　(B)孔径　　　　(C)高度　　　　(D)材质

135. 原材料的缺陷包括(　　　)。

(A)板幅过大　　　　　　　　　　　(B)板材表面存在大量腐蚀坑

(C)板材表面有严重划伤　　　　　　(D)板材平面度超差

136. 工艺路线划分的总体原则,尽量(　　　)。
(A)缩短工艺流程 (B)缩短机床维护时间
(C)避免工序倒流 (D)减少物流

137. 不能使用数控氧乙炔火焰切割加工的材料有(　　　)。
(A)大理石 (B)玻璃 (C)水泥板
(D)木板 (E)耐候钢板

138. 一张标准的展开图可以体现出零件的(　　　)。
(A)数量 (B)材质 (C)版本 (D)轮廓大小

139. 高压水射流切割的格栅材质可选用(　　　)。
(A)铁 (B)不锈钢 (C)不锈铁 (D)木材

140. 格栅表面被大量熔渣覆盖,继续使用会影响切割料件的(　　　)。
(A)切割面质量 (B)切割速度 (C)切割精度 (D)切割功率

141. 工艺规程是指导职工进行生产技术活动的(　　　)。
(A)制度 (B)规范 (C)准则 (D)唯一依据

142. 金属材料下列参数中,(　　　)属于力学性能。
(A)强度 (B)塑性 (C)冲击韧性 (D)热膨胀性

143. 原材料板材的供货条件包含(　　　)。
(A)平面度 (B)对角线公差 (C)长度公差 (D)生产日期

144. 工艺准备阶段可能用到的技术文件有(　　　)。
(A)图纸 (B)展开图 (C)工艺文件 (D)劳动纪律管理规范

145. 加工前的工艺准备会影响零件的(　　　)。
(A)工艺路线 (B)用途 (C)加工精度 (D)切割断面质量

146. 程序检验中图形显示功能不可以(　　　)。
(A)检验编程轨迹的正确性 (B)检验工件原点位置
(C)检验零件的精度 (D)检验割嘴误差

147. 识读装配图时,通过对明细表的识读可知零件的(　　　)等。
(A)尺寸精度 (B)名称和数量 (C)种类
(D)行为精度 (E)组成情况和复杂程度

148. 常见不锈钢常按组织状态分为(　　　)等。
(A)马氏体钢 (B)铁素体钢 (C)奥氏体钢 (D)工具钢

149. 质量检查的依据有(　　　)。
(A)产品图纸 (B)工艺文件
(C)国家或行业标准 (D)有关技术文件或协议

150. 激光切割的时选用合理的割嘴,以下(　　　)粗糙度可以实现。
(A)6.3 (B)50 (C)25 (D)3.2

151. 加工为半成品的料件轮廓尺寸为 $1×900×3\,000$,可以选用哪种规格的料架吊运这些零件(　　　)。
(A)$1\,000×4\,000$ (B)$1\,000×2\,500$ (C)$800×4\,000$ (D)$2\,000×8\,000$

152. 铁路工业有机废气的处理方法有(　　　)。

(A)液体吸收法 　　(B)冷凝法 　　　(C)固体吸附法 　　　(D)燃烧净化法

153. 下列哪种方式属于加工轨迹的插补方法(　　)。

(A)逐点比较法 　　(B)时间分割法 　(C)样条计算法 　　　(D)等误差直线逼近法

154. 数控切割精度包括(　　)。

(A)测量精度 　　　(B)机床精度 　　(C)尺寸精度 　　　　(D)形状精度

155. 以下哪种数控切割机床工作时必须使用格栅(　　)。

(A)数控激光切割机 　　　　　　　　(B)高压水射流切割机

(C)精细等离子切割机 　　　　　　　(D)数控氧乙炔火焰切割机

156. 材料在弯曲过程中,以下叙述正确的是(　　)。

(A)外层受拉伸 　　　　　　　　　　(B)内层受挤压

(C)存在一个材料的中性层 　　　　　(D)材料的厚度中心即为中性层

157. 工艺规程制定是否合理,直接影响工件(　　)。

(A)加工质量 　　　(B)劳动生产率 　(C)经济效益 　　　　(D)合格率

158. 以下哪种材质属于 SUS301L 系列(　　)。

(A)DLT 　　　　　(B)LT 　　　　　(C)HT 　　　　　　(D)MT

159. (　　)是工艺规程的主要内容。

(A)车间管理条例 　　　　　　　　　(B)加工零件的工艺路线

(C)采用的设备及工艺装备 　　　　　(D)毛坯的材料、种类及外形尺寸

四、判 断 题

1. 激光切割不能用于三维切割。(　　)

2. 激光切割适用材料范围较窄。(　　)

3. 激光切割是一种无接触加工、切割过程无切削力施加于工件,工件也无需夹紧,因而工件无机械应力及表面损伤。(　　)

4. 通常,10mm 以内碳钢可良好地进行氧助熔化激光切割,切缝也窄。(　　)

5. 稍高的含碳量可略为改善碳钢的切边质量,其热影响区有所缩小。(　　)

6. 不锈钢和低碳钢的成分不同,所以激光切割机理也有所不同。(　　)

7. 铝合金激光切割一旦汽化空洞形成,它就像钢一样对激光有极大的吸收率。(　　)

8. 为了改善铝合金激光切割时表面的吸收,可以采用打磨其起始切割表面使之变粗糙。(　　)

9. 铝合金激光切割所用辅助气体,主要用它来发生放热化学反应取得附加热量,用于熔化金属。(　　)

10. 纯铜由于不具有很高的反射率,用激光切割的速度很快。(　　)

11. 采用高重复频率增强脉冲 CO_2 激光能较好的切割铜合金。(　　)

12. 高压水射流切割使用水作为"刀具",在切割时没有切削作用。(　　)

13. 高压水射流切割不能切割薄的材料,不能切割软的材料。(　　)

14. 提高水压,将有利于提高切割深度和切割速度。但会增加超高压水发生装置及超高压密封的技术难度,增加设备成本。(　　)

15. 高压水射流切割可以应用三维切割。(　　)

16. 水压过低只可能导致切割面倾斜角大。( )

17. 切割速度过快可能导致切割面粗糙,影响切割质量。( )

18. 等离子切割不是一个物理切割过程。( )

19. 等离子流具有较强的机械冲力,能将被熔化的金属冲走实现切割。( )

20. 一个优质的等离子切割面其倾斜度应在3°以下,且挂渣少,容易清除。( )

21. 如果气压太高,喷嘴的寿命就会大大减少;气压太低,电极的寿命就会受到影响。( )

22. 在等离子切割中,实际用于切割的有效能量要比电源输出的功率小,其损失率一般在25%~50%之间。( )

23. 气割的过程是金属的熔化过程。( )

24. 发生回火时,回火速度:乙炔一般为11 m/s。( )

25. 发生回火,极易引发爆炸。( )

26. 切割钢材所用氧气不用有较高的纯度。( )

27. 在钢板火焰切割过程中,割嘴到被切工作表面的高度是决定切口质量和切割速度的主要因素之一。( )

28. 数控技术所控制的通常是位置、角度、速度等机械量和与机械能量流向有关的开关量。( )

29. 数控的产生依赖于数据载体和五进制形式数据运算的出现。( )

30. 数控机床维修不便,对维护人员的技术要求较高。( )

31. 数控机床加工精度高,具有较高的加工质量。( )

32. 数控机床有利于批量化生产,但产品质量不容易控制。( )

33. 我们称作的 NC 系统和 CNC 系统含义是一样的。( )

34. 计算机控制机床,也可称为 CNC 机床。( )

35. 数控机床按坐标轴分类,有两坐标、三坐标和多坐标等。他们都可以三轴联动。( )

36. 一般将信息输入、运算及控制、伺服驱动中的位置控制、PLC 及相应的系统软件和称为数控系统。( )

37. 开环伺服系统的精度优于闭环伺服系统。( )

38. 光栅属于光学元件,是一种高精度的位移传感器。( )

39. 利用直线光栅检测位移时,莫尔条纹的移动方向与光栅移动方向是相同的。( )

40. 数控系统是由 CNC 装置、可编程控制器、伺服驱动装置以及电动机等部分组成。( )

41. 数控机床的参考点又叫机床零点。( )

42. 数控机床的辅助装置包括 CNC 装置。( )

43. CNC 装置是数控机床的主体。( )

44. 电动机是 CNC 硬件的一部分。( )

45. CNC 装置是通过软件进行插补计算的。( )

46. 加工程序可分为主程序和菜单程序。( )

47. 水刀切割的起弧点应该在废料上。( )

48. 数控机是一种应用了微电子技术、计算机技术、自动控制、精密测量和机床结构等方面的成果发展起来的一种机床。( )

49. 数控机床精度高、灵活、可靠，但不能加工复杂的型面。( )

50. M00、M01指令的运动轨迹路线相同，只是设计速度不同。( )

51. 数控机床的插补过程，实际上是用微小的直线段来通近曲线的过程。( )

52. 数控机床加工的加工精度比普通机床高，是因为数控机床的传动链较普通机床的传动链长。( )

53. 程序编制的一般过程是确定工艺路线、计算刀具轨迹的坐标值、编写加工程序、程序输入数控系统、程序检验。( )

54. 数控机床伺服系统将数控装置的脉冲信号转换成机床移动部件的运动。( )

55. G00指令中可以不加"F"也能进行快速定位。( )

56. 当数控加工程序编制完成后即可进行正式加工。( )

57. 数控机床是在普通机床的基础上将普通电气装置更换成CNC控制装置。( )

58. 插补运动的实际插补轨迹始终不可能与理想轨迹完全相同。( )

59. 数控机床编程有绝对值和增量值编程，使用时不能将它们放在同一程序段中。( )

60. 用数显技术改造后的机床就是数控机床。( )

61. G代码可以分为模态G代码和非模态G代码。( )

62. M00、M01指令都能使机床坐标轴准确到位，因此它们都是插补指令。( )

63. 圆弧插补用半径编程时，当圆弧所对应的圆心角大于180^o时半径取负值。( )

64. 平带传动主要用于两轴垂直的较远距离的传动。( )

65. 齿轮传动是由主动齿轮、齿条和机架组成的。( )

66. 圆柱齿轮的结构分为齿圈和轮齿两部分。( )

67. 润滑剂有润滑油、润滑脂和固体润滑剂三种。( )

68. 常用的固体润滑剂有石墨、二硫化钼、钾基润滑脂等。( )

69. 变压器不能改变直流电压。( )

70. 电伤是指触电时人体外部受伤。( )

71. 人体的不同部位同时触及到三相电中的两根火线，而电流从一根火线通过人体流入另一根火线的触电方式称为两项触电。( )

72. 螺距用P表示，导程用M表示。( )

73. 水刀切割废砂清除系统的作用是减少人工清砂的次数，并不能完全排除废砂。( )

74. 精细等离子切割机切割工件前不需要试切割。( )

75. 在设备维护期间，要将系统退回使用状态，控制器应加锁并标以警告标记。( )

76. 决不允许气缸暴露在过热、火花、熔渣或打开的火焰环境中。( )

77. 精细等离子切割机开机前注意检查各气体系统阀门有无变形、损坏、泄漏现象，尤其注意切割部分不许有油脂，割枪调节阀门严禁有油，以防发生爆炸。( )

78. CRT显示执行程序的移动内容，而机床不动作，说明机床处于锁住状态。( )

79. 密封装置的性能与液压系统的效率无关。( )

80. 交流伺服电动机即可用于开环伺服系统，也可用于闭环伺服系统。( )

81. 精细等离子切割机每周必须对纵向导轨和齿条表面进行保养和清洗,然后再涂薄薄的一层导轨油。横向导轨和齿条同样也应涂一层很薄的导轨油。( )

82. 公制螺纹分为普通螺纹和细牙螺纹。( )

83. 梯形螺纹可作为传动使用。( )

84. 水切割机床不可安装在横跨混凝土的膨胀缝上。( )

85. 水切割机床的供水管道中的碎片不会对高压部件造成相当严重的损坏。( )

86. 数控机床的气源的空气压力太低,会对气动装置起损坏作用。( )

87. 数控机床需要配备液压和气动装置来辅助实现整机的自动运行功能。它们的工作原理类似,都不污染环境,但使用范围有所不同。( )

88. 设备故障的定义是:设备或零件丧失了规定功能的状态。( )

89. 工作油缸内的油压高于油泵输出的油压。( )

90. 数控机床变速较快,但是不能实现无级变速。( )

91. 润滑泵内的过滤器需定期清洗、更换,一般每季度更换一次。( )

92. 轮系可以实现变向,但不能实现变速要求。( )

93. 水下等离子切割机当用水上工作台时,确信它与大地是完全接触的。( )

94. 数控机是一种应用了微电子技术,计算机技术,自动控制,精密测量和机床结构等方面的成果发展起来的一种机床。( )

95. 数控机床都有快进、快退和快速定位等功能。( )

96. 对于同一油缸,输入的油量越大,活塞的运动速度就越快。( )

97. 关机时应先关闭系统再关闭电源。( )

98. 热继电器主要用于电动机过载保护、断相保护等。( )

99. 绝对不要无油运行泵,这样会造成严重损坏。( )

100. 选择尺寸基准,可以不考虑零件在机器中的位置功用,应按便于测量而定。( )

101. 图样上的尺寸要标注得符合国家标准的规定。( )

102. 图样是由三个面表达出来的,这三个面表达的每个面形状称为视图。( )

103. 在几何作图中尺寸分为定形尺寸和长短尺寸。( )

104. 轴测图中一般只画出可见部分,不画不可见部分。( )

105. 轴测图的线性尺寸,一般应沿轴测方向标出。( )

106. 斜视图不可以转平画出,只能画在辅助投影方向。( )

107. 标注尺寸时,不允许出现封闭尺寸。( )

108. 同一装配图中标注序号应一致 。( )

109. 允许尺寸变化的两界限值称为极限尺寸。( )

110. 标准规定的基轴制是上偏差为零。( )

111. 轮廓算术平均偏差 Ra 为最常用的评定参数。( )

112. 影响测量结果还有环境因素。( )

113. 游标卡尺可检测外螺纹。( )

114. 检测时只需将被测量面擦拭干净即可。( )

115. 温度对测量有影响。( )

116. 游标卡尺是中等精度的检测量具。( )

117. 高度游标卡尺不但能测量工件高度,还可以进行划线。(　　)

118. 深度游标卡尺只能测量孔、槽的深度,不能测量轴台高度。(　　)

119. 千分尺能测量毛坯件。(　　)

120. 深度千分尺是特种千分尺的一种。(　　)

121. 简单形状的划线称为平面划线,复杂形状的划线称为立体划线。(　　)

122. 标准公差共分为 IT1～IT18 共 18 级。(　　)

123. 图样上标注的任何一个基准都是理想要素。(　　)

124. 左视图在主视图的正左方。(　　)

125. 标注尺寸时允许出现封闭尺寸。(　　)

126. 装配图是表达机器的图样。(　　)

127. 游标卡尺适用于高精度尺寸的测量和检验。(　　)

128. 粗点划线用在有特殊要求的线或表面的表示线。(　　)

129. 长圆孔当标出长度、宽度时其 R 尺寸可以不标出。(　　)

130. 直接测量被测量值,测得值就是所求的值。(　　)

131. 钢直尺常用它来初测工件长度。(　　)

132. 划线时应取公差的上限值。(　　)

133. 在同一张图上尺寸数字可以标注在尺寸线上方,也可以标注在尺寸线中间。(　　)

134. 简单形状的划线称为平面划线,复杂形状的划线称为立体划线。(　　)

135. 物体在三面投影体系中的投影称为三视图,即主视图、俯视图、右视图。(　　)

136. 氧乙炔火焰切割的起弧点应该在废料上。(　　)

137. 每次更换喷嘴后可直接进行切割。(　　)

138. 机床在交换工作台时,应保证光栅保护区无人。(　　)

139. 不熟悉数控机床的人员不可以上机操作。(　　)

140. 氧乙炔火焰切割薄料时,应选用小号的割嘴与氧气压力。(　　)

141. 零件轮廓的几何元素就是指零件的几何尺寸。(　　)

142. 切割零件断面的粗糙度指零件加工表面的光亮度。(　　)

143. 高压水射流切割切割的起弧点应该在废料上。(　　)

144. 格栅上积累大量熔渣后需及时清理。(　　)

145. 精细等离子切割机切割板料起弧和收弧时产生的缺陷可以避免。(　　)

146. 图样上标注的表面结构 $Ra25\ \mu m$ 要比标注粗糙度 $Ra50\ \mu m$ 的表面质量要求高。(　　)

147. 识读装配图的要求是了解装配图的名称、用途、性能、结构和工作原理。(　　)

148. 高压水射流切割的格栅不会产生熔渣,因此格栅不需要维护、清理。(　　)

149. 氧乙炔火焰切割的切割速度不能太快,都则会切不透。(　　)

150. 确定加工顺序和工序内容、加工方法、划分加工阶段、安排热处理、检验及其他辅助工序是拟定工艺路线的主要工作。(　　)

151. 工序几种就是将工件的加工内容,几种在少数几道工序内完成,每道工序的加工内容多。(　　)

152. 排料图能够体现出单件的图号、材质、数量。( )

153. 检查来料厚度时,只要料厚在允许公差范围内都算合格。( )

154. 利用 AUTO CAD 可直接将三维零件图展开,得出展开图。( )

155. 精细等离子可直接切割表面涂防锈漆的碳钢板。( )

156. 绘制展开图时,需要计算中性层来确定展开料尺寸。( )

157. 激光切割表面件,上料时须使用吸盘,不可用钢丝绳吊运。( )

158. 割嘴孔径越大,对聚焦镜保护就越差,镜片寿命也就越差。( )

159. 识读展开图时,只需要查看图号、表达展开零件形状的图形,其余不做查看及参考。( )

160. 氧乙炔火焰切割的割嘴选用与料厚无关,与氧气压力有关。( )

161. 考虑被加工表面技术要求是选择加工方法的唯一依据。( )

162. 激光切割表面件,原材料表面的保护膜可先行撕掉后,激光再进行切割。( )

163. 所有相同定尺的原材料,它的排料图一定相同。( )

164. 穿孔点可以选择在原材料边缘上以节省原材料。( )

165. 加工工艺规程是规定产品或零部件制造工艺过程的操作方法的工艺文件。( )

166. 精度很高、表面结构值很小的表面,要安排激光高压水射流切割加工,以提高加工表面尺寸精度和表面质量。( )

167. 激光切割适用范围广泛,可直接切割表面涂防锈漆的碳钢板。( )

168. 碳钢料件应优先选用高压水射流切割。( )

169. 数控激光切割拥有很强的加工能力,因此上料时无需对原材料板材进行检验,可直接切割。( )

170. 高压水射流切割铝板时,只要板材能够放在加工区内,无需注意纹路方向,可直接切割。( )

171. 热切割无法加工的材料(如玻璃、水泥制品)一般可选用高压水射流切割实现。( )

五、简 答 题

1. 激光与其他光相比,具有哪四个特点?

2. 根据激光切割过程的本质不同,除汽化切割外通常有哪几种形式?

3. 影响低碳钢激光切割性能的主要因素有哪些?

4. 影响不锈钢激光切割质量最重要的工艺参量有哪些?

5. 激光切割木材用哪两种不同的基本机制?

6. 激光切割存在的安全问题主要有哪些?

7. 高压水射流切割设备主要由哪几部分组成?

8. 对于高压水射流切割,列举几种可能导致切割面粗糙的原因。

9. 高压水射流切割时的主要安全技术问题是什么?

10. 等离子切割机按等离子电源分类,一般分哪几类?

11. 列举等离子切割中常见缺陷或故障。

12. 在等离子切割中,什么是"双弧"现象?

13. 什么现象称为回火？

14. 在火焰切割中，切割上边缘塌边是由什么原因造成的？

15. 简述什么是火焰切割的热变形。

16. 什么是手工编程？

17. 简述自动编程的步骤。

18. 自动编程的目的是什么？

19. 简述数控激光切割设置微连接的作用。

20. 何谓机床坐标系和工件坐标系？其主要区别是什么？

21. 什么是机床坐标系？

22. 设备润滑的定点要求是什么？

23. 检测元件在数控机床中的作用是什么？

24. 什么是制动控制？有几种常用的制动方法？

25. 键连接的主要作用是什么？可分几类？

26. 简述液压泵正常工作的必备工作条件是什么。

27. 通快激光切割机接通/关闭激光气按键 $\boxed{\begin{array}{c}\text{LASER}\\ 1\end{array}}$ 的功能和指示灯的状态。

28. FLOW 水刀切割机主要包括哪几部分？

29. 简述 FLOW 水刀切割机往砂箱中加砂的正确步骤。

30. 零件加工对机床的选择原则是什么？

31. 气动三大件是什么？

32. 简述液压油的使用要求。

33. 数控机床上所采用的检测元件有哪些类型？它们分别用于什么控制？

34. 独立型 PLC 具有哪些基本功能结构？

35. 完整的测量过程包括哪些内容？

36. 什么是测量对象？

37. 什么是测量？

38. 什么是测量要素？

39. 什么是测量检验？

40. 什么是专用量具？

41. 简答游标卡尺的种类。

42. 千分尺由哪几部分组成的？

43. 常用游标卡尺是由哪些零部件组成的？

44. 什么叫计量器具？

45. 激光切割的原理？

46. 激光切割的首件质量检查包括那些内容？

47. 表面结构指的是什么？表面结构代号 Ra 表示什么意思？

48. 氧乙炔火焰切割常见缺陷及产生的原因。

49. 简述激光切割的主要工艺。

50. 为什么说零件的图样及加工工艺分析是数控编程的基础？加工精度都有哪些？

51. 什么是金属材料的切削加工性？良好的切削加工性能指的是什么？

52. 零件加工对机床的选择原则是什么？

53. 一张完整的展开图包括哪些部分？

54. 工艺系统热源分为内部热源和外部热源，简述各有哪几种。

55. 简述激光割嘴的作用。

56. 材料学中指的中性层是什么？

57. 简述提高精细等离子割嘴使用寿命的措施。

58. 为什么激光切割在加工前的工艺准备要严格查看板材的平面度？

59. 简述数控切割机加工工艺规程包含的主要项点。

60. 简述看零件图的目的。

61. 简述为什么要求在工艺准备阶段对来料进行检查。

62. 识读零件图和装配图时，可对图纸进行工艺审查，审查的内容有哪些？

63. 请写出加工条件对数控激光切割机加工质量的影响因素（至少 5 条）。

64. 简述工艺规程的主要内容。

65. FLOW 水刀切割机切割速度是由哪些因素决定的？

66. 进行工作台的自动交换，机器首先要满足一定条件，请列出并说明。

67. 机床有哪些常用的电器装置？

68. 激光切割机普通运行的特征？

69. 水冷机水箱温度高，应检查哪些内容？

70. 什么是不安全状态？不安全状态的具体表现形式是什么？

六、综 合 题

1. 与传统的机械切割方式和其他切割方式（如等离子切割、水切割、氧溶剂电弧切割、冲裁等）相比，激光切割具有哪些特点。

2. 简述激光切割的基本原理。

3. 除激光切割外，列举几种常见的激光加工技术。

4. 高压水射流切割加工主要工作参数是什么。

5. 常见的高压水射流切割缺陷主要有什么。

6. 简述切割电流对切割的影响。

7. 简述火焰切割原理。

8. 什么是自动编程？划分为哪两类？

9. 零件加工程序的编制过程？

10. 数控加工编程的主要内容有哪些？

11. 什么是编码盘？

12. 数控机床导轨的润滑目的是什么？怎样对导轨进行防护？

13. 激光切割机关闭机床时为什么要先退出激光再关闭机床电源？

14. 液压系统中换向阀的作用是什么？对其有何要求？

15. 当通快激光切割机控制面板上的 ◉ 紧急停机按钮被按下时，对机床运行状态产生什么样的联锁反应？

16. 机床上警示语危险、警告和小心的含义。

17. 系统的参数发生变化会发生什么现象？数控机床定位精度的意义是什么？

18. 叙述 1/20 mm 游标卡尺的读数原理。

19. 一游标卡尺的主尺最小分度为 1 mm，游标上有 10 个小等分间隔，现用此卡尺来测量工件的直径，如图 1 所示，写出该工件的直径尺寸。

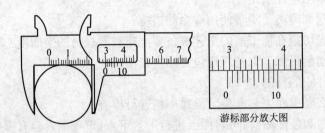

图 1

20. 游标卡尺的主尺最小分度为 1 mm，游标上有 20 个小的等分刻度；用它测量一工件的内径，如图 2 所示，写出该工件的内径尺寸。

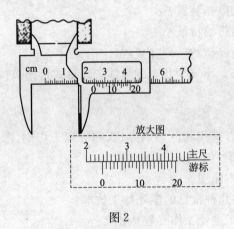

图 2

21. 如图 3 所示，写出游标卡尺表示的尺寸。

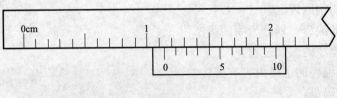

图 3

22. 简答测量方法分几类？

23. 为什么数控切割机床加工对象适应性强？

24. 试述数控机床的程序输入设备有哪些？

25. 简述画装配图的步骤有哪些？

26. 高压水射流切割原理。

27. 精细等离子加工原理。

28. 数控切割工艺准备主要包含哪些项?

29. 画出图 4 的展开图图形,并标注尺寸(材质为钢板 4-06Cr19Ni10,折弯半径 R4)。

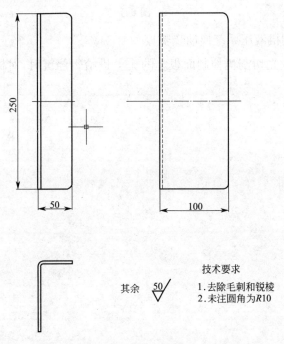

技术要求

其余 $\sqrt{50}$　1.去除毛刺和锐棱
　　　　　　　　2.未注圆角为 R10

图 4 　(单位:mm)

30. 画出图 5 的展开图图形,并标注尺寸(材质为钢板 4－06Cr19Ni10,折弯半径 R4)。

31. 如图 6 所示,已知图示的两视图,请补画三视图。

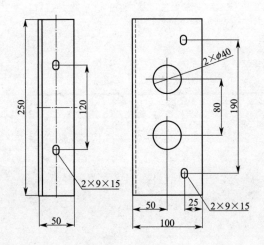

图 5 　(单位:mm)

32. 分析共线切割的优、缺点?

33. 对离合器有什么基本要求?

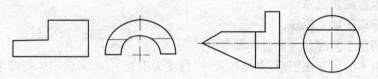

图 6

34. 通快激光切割机液压系统换油步骤。

35. 当操作通快激光切割机控制面板上的 ⌑ 进给暂停键时,对机床运行状态产生什么样的联锁反应?

数控切割机床操作工(中级工)答案

一、填空题

1. 刀具	2. 切削力	3. 电磁	4. 快
5. 熔蚀	6. 无氧化切边	7. 铬的氧化物	8. 完全无黏渣
9. 较低	10. 反射率	11. 高反射率	12. 通风或排风
13. 加工速度	14. 正前角	15. 加工工件	16. 切割面倾斜角大
17. 喷嘴	18. 弧柱	19. 尽量放平	20. 大
21. 切割电流	22. 干燥和洁净	23. 燃气回路	24. 中性焰
25. 多割炬	26. 旁弯	27. 数字化信息	28. 笛卡尔
29. 自动化	30. 直线型	31. 控制装置	32. 编程和加工时
33. 子程序	34. 人机对话	35. 电气	36. 半闭环
37. 开环	38. 定位精度	39. 自动编程	40. 位移传感器
41. 反馈信号	42. 加工过程	43. 轮廓控制	44. 输入输出设备
45. 输入输出设备	46. 图形交互	47. 数控语言	48. 数字
49. 程序	50. 顺序	51. 软件	52. 软件
53. 直线	54. 轮廓控制	55. 半径	56. 后置
57. CAD	58. 可靠性	59. 几何形状	60. 坐标位置
61. 正向移动	62. 较小	63. 定位	64. 防松动
65. 方向	66. CNC 系统	67. 输入输出设备	68. 绝对
69. 指令信息	70. 液压油	71. 加油过滤	72. 电池
73. 软件	74. 检测元件	75. 控制装置	76. 液压
77. 紧急停机	78. 手动电器	79. 电力拖动	80. 执行
81. 辅助	82. 红光	83. 激光束	84. 电磁场
85. 40	86. 氧气	87. M	88. FU
89. KM	90. 最小脉冲当量	91. 油箱液压泵	92. 损坏的器件
93. 2	94. 控制电器	95. 除尘系统	96. 2 000
97. 氮气	98. 封闭	99. 倾斜	100. 第一角
101. 自前方	102. 实际	103. 斜度	104. 母线
105. 局部视图	106. 旋转视图	107. 重合剖面	108. 封闭尺寸
109. 尺寸	110. 一条	111. 实际尺寸	112. 公差
113. ▽	114. 配合公差	115. 靠近零线的	116. 自然
117. π/10 800	118. 相对	119. 机械	120. Ⅰ型和Ⅱ型
121. 游标	122. 回转圈	123. 100	124. 长度

125. 测量精度	126. 螺旋副	127. 0.5	128. 刻度
129. 单位	130. 测量	131. 钢直尺	132. 光隙
133. 粗糙度	134. 产品图纸	135. 自检合格	136. 非金属
137. 割嘴	138. 主要依据	139. 低成本	140. 利用率
141. 版本升级	142. 利于操作的工作区域内		143. 超厚板材
144. 1号至7号	145. 三面投影	146. 毛刺	147. 3～5
148. 毛刺	149. 排料图	150. 工艺人员	151. 高、中、低
152. 双边余量	153. 塑性	154. 力学	155. 材质
156. 基准	157. 长度	158. 15 min	159. 子程序
160. 千分尺	161. 翘曲料件划伤割嘴		162. 中心处
163. 高压水	164. 机械性能	165. 碳钢	166. 数控语言

二、单项选择题

1. B　2. A　3. B　4. B　5. A　6. A　7. A　8. A　9. C
10. D　11. C　12. D　13. C　14. B　15. A　16. A　17. A　18. B
19. B　20. C　21. D　22. B　23. C　24. B　25. A　26. A　27. A
28. A　29. B　30. C　31. A　32. C　33. B　34. A　35. C　36. A
37. D　38. B　39. C　40. B　41. A　42. A　43. D　44. C　45. B
46. B　47. A　48. C　49. C　50. B　51. C　52. C　53. B　54. C
55. D　56. A　57. A　58. D　59. A　60. A　61. B　62. B　63. B
64. A　65. A　66. D　67. D　68. D　69. D　70. C　71. A　72. C
73. A　74. D　75. C　76. B　77. C　78. D　79. B　80. B　81. C
82. A　83. C　84. B　85. B　86. C　87. C　88. C　89. A　90. B
91. A　92. B　93. C　94. D　95. A　96. B　97. B　98. B　99. A
100. D　101. C　102. A　103. A　104. B　105. C　106. D　107. B　108. D
109. C　110. B　111. C　112. A　113. A　114. B　115. B　116. D　117. D
118. C　119. C　120. C　121. D　122. D　123. B　124. C　125. A　126. A
127. A　128. B　129. C　130. A　131. B　132. A　133. A　134. B　135. B
136. C　137. B　138. B　139. D　140. B　141. B　142. A　143. C　144. C
145. D　146. B　147. A　148. A　149. A　150. D　151. B　152. C　153. C
154. A　155. C　156. A　157. A　158. A　159. B　160. D　161. B　162. C
163. B　164. D　165. A　166. A

三、多项选择题

1. ABC　2. ACD　3. ABD　4. ABD　5. ABC　6. BCD　7. AC
8. ABCD　9. BCD　10. ABC　11. AC　12. ABCD　13. ABC　14. AB
15. ACD　16. ABD　17. ABCD　18. ABCD　19. ABC　20. BC　21. ABC
22. BCD　23. AC　24. AD　25. ABCD　26. AC　27. ABCD　28. ACE
29. ABD　30. ABC　31. AB　32. ABD　33. AD　34. ABCD　35. ABC

36. BCD　　37. CD　　38. AC　　39. ABC　　40. ABC　　41. ABC　　42. ABC

43. ABC　　44. AB　　45. CD　　46. ABC　　47. ABC　　48. AB　　49. ABD

50. AB　　51. ABC　　52. BD　　53. ABCD　　54. ABC　　55. ACD　　56. BCD

57. ABCD　　58. ABCD　　59. ABD　　60. ABC　　61. AD　　62. ACD　　63. ACD

64. ABD　　65. ABCD　　66. ABC　　67. ABC　　68. ABD　　69. ABC　　70. ABC

71. BCD　　72. ACD　　73. AD　　74. ABD　　75. BCD　　76. ABCD　　77. BCD

78. ABC　　79. ABCD　　80. AB　　81. ABCD　　82. ABCD　　83. ABD　　84. ABD

85. ABCD　　86. BC　　87. AC　　88. ABC　　89. ACD　　90. ACD　　91. ABCD

92. AC　　93. BC　　94. AD　　95. ABC　　96. AC　　97. AC　　98. ABC

99. BC　　100. BC　　101. ABD　　102. ABC　　103. ABD　　104. AD　　105. BCD

106. AD　　107. AD　　108. BD　　109. ABC　　110. AD　　111. BCD　　112. BC

113. ABC　　114. AD　　115. BCD　　116. ABCD　　117. BC　　118. AB　　119. BCD

120. ACD　　121. ABD　　122. AC　　123. ABD　　124. BD　　125. BCD　　126. ABCD

127. CD　　128. CD　　129. ACE　　130. ABCD　　131. ABCF　　132. ABCD　　133. ABC

134. ABC　　135. BCD　　136. ACD　　137. ABCD　　138. BCD　　139. BC　　140. AC

141. BC　　142. ABC　　143. ABC　　144. ABC　　145. CD　　146. BCD　　147. BCE

148. ABC　　149. ABCD　　150. BC　　151. AD　　152. ABCD　　153. ABC　　154. CD

155. ABCD　　156. ABC　　157. ABCD　　158. ABCD　　159. BCD

四、判 断 题

1. ×　　2. ×　　3. √　　4. √　　5. ×　　6. √　　7. √　　8. √　　9. ×

10. ×　　11. √　　12. ×　　13. ×　　14. √　　15. √　　16. ×　　17. √　　18. ×

19. √　　20. √　　21. ×　　22. √　　23. ×　　24. √　　25. √　　26. ×　　27. √

28. √　　29. ×　　30. √　　31. √　　32. √　　33. ×　　34. √　　35. ×　　36. ×

37. ×　　38. √　　39. √　　40. √　　41. √　　42. ×　　43. ×　　44. ×　　45. √

46. ×　　47. √　　48. √　　49. ×　　50. ×　　51. √　　52. ×　　53. √　　54. ×

55. √　　56. ×　　57. ×　　58. √　　59. ×　　60. ×　　61. √　　62. ×　　63. √

64. ×　　65. ×　　66. ×　　67. √　　68. ×　　69. √　　70. √　　71. √　　72. ×

73. √　　74. ×　　75. √　　76. √　　77. √　　78. √　　79. ×　　80. √　　81. √

82. √　　83. √　　84. √　　85. ×　　86. ×　　87. √　　88. ×　　89. ×　　90. ×

91. ×　　92. ×　　93. √　　94. √　　95. √　　96. √　　97. √　　98. √　　99. √

100. ×　　101. √　　102. √　　103. ×　　104. ×　　105. √　　106. ×　　107. √　　108. √

109. √　　110. √　　111. √　　112. ×　　113. ×　　114. ×　　115. √　　116. √　　117. ×

118. ×　　119. ×　　120. √　　121. √　　122. ×　　123. √　　124. ×　　125. ×　　126. ×

127. ×　　128. √　　129. √　　130. √　　131. √　　132. ×　　133. ×　　134. ×　　135. ×

136. √　　137. ×　　138. √　　139. √　　140. √　　141. √　　142. ×　　143. √　　144. √

145. ×　　146. √　　147. √　　148. √　　149. √　　150. √　　151. √　　152. ×　　153. √

154. ×　　155. √　　156. √　　157. √　　158. √　　159. √　　160. ×　　161. ×　　162. ×

163. ×　　164. ×　　165. √　　166. √　　167. ×　　168. ×　　169. ×　　170. ×　　171. √

五、简答题

1. 高亮度、高方向性、高单色性、高相干性。（每缺 1 项扣 1 分）

2. 熔化切割、氧化助熔切割和控制断裂切割。（每缺 1 项扣 2 分）

3. 激光功率、切割速度、板厚、工件与光束焦点的间距。（每缺 1 项扣 1 分）

4. 切割速度、激光功率、氧气压力、焦长。（每缺 1 项扣 1 分）

5. 瞬间蒸发（3 分）、燃烧（2 分）。

6. 对人体眼睛的伤害、对皮肤的伤害、加工某些材料产生的有害气体。（每缺 1 项扣 1 分）

7. 主要有增压系统、切割系统、控制系统、过滤设备和机床床身。（每缺 1 项扣 1 分）

8. 切割速度过快、水压力低、磨料供给量小、喷嘴一侧磨损、工件振动。（每缺 1 项扣 1 分）

9. 防止高压水射流（2 分）及其飞溅水珠的冲击（1 分）、噪声（1 分）及触电（1 分）。

10. 普通等离子电源、精细等离子电源、类激光等离子电源。（每缺 1 项扣 2 分）

11. 切口太宽、割不透、切割面不光洁、切口熔瘤、断弧、产生"双弧"、钨极烧损严重、喷嘴迅速烧坏。（答出 4 点即为正确）（答对 1 项给 1 分，全部答对给满分）

12. 除已经存在的等离子弧以外（2 分），在钨极—喷嘴—工件之间产生另外一个旁路电弧（2 分），两个电弧同时存在（1 分），就是"双弧"现象。

13. 当混合气体的燃烧速度大于喷射速度时（3 分），火焰倒流入割炬及胶管内的现象为回火（2 分）。

14. 切割速度太慢，预热火焰太强；割嘴与工件之间的高度太高或太低；使用的割嘴号太大，火焰中的氧气过剩。（每缺 1 项扣 2 分）

15. 在切割过程中，由于对钢板的不均匀的加热和冷却（1 分），材料内部应力的作用将使被切割工件发生不同程度的弯曲或移位，即热变形（2 分），具体表现是形状扭曲（1 分）和切割尺寸偏差（1 分）。

16. 手工编程是指编程的各个阶段均由人工完成（2 分）。利用一般的计算工具，通过各种数学方法（1 分），人工进行刀具轨迹的运算（1 分），并进行指令编制（1 分）。

17. (1)分析零件图确定工艺过程。(2)数值计算。(3)编写加工程序。(4)将程序输入数控系统。(5)检验程序与首件试切。（每缺 1 项扣 1 分）

18. 自动编程的目的是为了解决数控加工的高效率（2.5 分）和手工编程低效率之间的矛盾（2.5 分）。

19. (1)防止料件调到格栅下（2 分）。(2)避免激光切割头与别切割零件轮廓之间产生碰撞，损坏喷嘴（3 分）。

20. 机床坐标系又称机械坐标系，是机床运动部件的进给运动坐标系，其坐标轴及方向按标准规定（2 分）。其坐标原点由厂家设定，称为机床原点（或零件）（2 分）。工件坐标又称编程坐标系，供编程用（1 分）。

21. 答：以机床原点为坐标系原点（2 分）建立起来的 X、Y、Z 轴直角坐标系（3 分），称机床坐标系。

22. 答：根据润滑图表上指定的润滑部位、润滑点、检查点（2 分），进行加油、换油（1 分），检查液面高度及供油情况（2 分）。

23. 答：检测元件是数控机床伺服系统的重要组成部分（2 分）。它的作用是检测位移和速度(1分),发送反馈信号(1分),构成闭环控制(1分)。

24. 答案:使电动机在断开电源后立即停止的方法叫制动控制(2分)。常见制动方法有机械制动(1分),包括反接制动(1分)、耗能制动(1分)。

25. 答:键连接主要是连接轴与轴上零件,实现周向固定而传递转矩(2分)。根据装配时的松紧程度(1分),可分为紧键连接(1分)和松键连接(1分)两大类。

26. 答:液压泵正常工作必备的条件是:应具备密封容积;密封容积能够交替变化;应具有配流装置;吸油过程中油箱必须和大气相通。(每缺1项扣1分)

27. 答:通过操作该按键将启动自动接通循环,该按键闪亮(1分)。(1)如果激光运行准备就绪,则该按键发光。再次操作该按键将启动自动关闭循环,该按键闪亮(2分)。(2)如果激光不再是运行准备就绪状态,则该按键内的灯熄灭(2分)。

28. 答:高压水发生系统、液压系统、传动系统、气动系统、喷射系统、控砂系统、冷却系统、排砂系统、CNC数控系统等组成。(答对1项给0.5分,全部答对给满分)

29. 答:关闭进气,打开放气阀,加砂,关闭放气阀,打开进气。(每答对1项给1分)

30. 答:(1)机床的加工范围应与零件加工内容和外廓尺寸相适应(2分)。(2)机床的精度应与工序加工要求的精度相适应(2分)。(3)机床的生产率应与零件的生产类型相适应(1分)。

31. 答:通常将分水滤气器、调压阀和油雾器组合在一起使用,通称气动三大件。(每缺1项扣2分)

32. 答:(1)适宜的黏度和良好的黏温性能。(2)润滑性能好。(3)稳定性要好,即对热、氧化和水解都有良好的稳定性,使用寿命长。(每缺1项扣2分)

33. 答:数控机床上所采用的检测元件有以下类型:有旋转变压器、脉冲编码器、绝对值编码器、圆光栅等,用于半闭环控制(3分);还有长光栅尺、感应同步尺等,用于闭环控制(2分)。

34. 答:独立型PLC具有:(1) CPU及其控制电路。(2)系统程序存储器。(3)用户程序存储器。(4)输入/输出接口电路。(5)与编程机等外部设备通信的接口和电源。(每答对1项给1分)

35. 答:完整的测量过程包括被测对象、计量单位、测量方法、测量精度。(答对1项给1分,全部答对给满分)

36. 答:被测对象指几何量(1分),包括长度(0.5分)、角度(0.5分)、表面结构(0.5分)、形状(0.5分)、位置(0.5分)及其他复杂零件中的几何参数等(0.5分,全部答对给满分)。

37. 答:被测量和标准量(或单位量)进行比较(2分),并确定其比值的过程(3分)。

38. 答:被测对象、计量单位、测量方法、测量误差。(答对1项给1分,全部答对给满分)

39. 答:将测量结果与设计要求相比较,从而判断其合格性,称为测量检验。(5分)

40. 答:这类量具不能测量出实际尺寸(2分),只能测量零件和产品的形状及尺寸是否合格(3分)。

41. 答:(1)深度游标卡尺。(2)高度游标卡尺。(3)齿轮(厚)游标卡尺。(答对1项给1分,全部答对给满分)

42. 答:千分尺由:尺架、测微装置、测力装置和锁紧装置等组成。(答对1项给1分,全部答对给满分)

43. 答:常用的游标卡尺由尺身,上下量爪,尺框,紧固螺钉,微动装置,主尺,微动螺母,游标组成。(答对1项给0.5分,全部答对给满分)

44. 答：计量器具是指能用以直接或间接测出被测对象量值的装置、仪器仪表、量具和用于统一量值的标准物质(3分)，包括计量基准器具、计量标准器具和工作计量器具(2分)。

45. 答：激光切割是利用经聚焦的高功率密度激光束照射工件，使被照射的材料迅速熔化、汽化、烧蚀或达到燃点(3分)，同时借助与光束同轴的高速气流吹除熔融物质，从而实现将工件割开(2分)。

46. 答：(1)零件的尺寸精度(2分)。(2)切口质量，激光切割的切口质量主要包括切口宽度、切割面的倾斜角和切割面粗糙度等(3分)。

47. 答：表面结构指零件加工表面具有微小间距和峰谷的微观不平度(3分)。代号 Ra 表示轮廓算术平均偏差(2分)。

48. 答：(1)氧气压力过大，导致切口过宽、表面粗糙。(2)预热火焰过强导致切口表面不齐、棱角融化。(3)切割速度过快导致后拖量过大、切不透。(答对1项给1.5分，全部答对给满分)

49. 答：(1)汽化切割。(2)熔化切割。(3)氧化熔化切割。(4)控制断裂切割。(答对1项给0.5分，全部答对给满分)

50. 答：因为只有将零件被加工部位的图形准确反映在装夹的各工步位置(1分)、工件坐标系(1分)、刀具尺寸(1分)、加工路线(1分)及加工工艺参数等数据之后才能正确的制定出数控加工程序(1分)。

51. 答：因为只有将零件被加工部位的图形准确反映在装夹的各工步位置、工件坐标系、刀具尺寸、加工路线及加工工艺参数等数据之后才能正确的制定出数控加工程序。

52. 答：(1)机床的加工范围应与零件加工内容和外廓尺寸相适应。(2)机床的精度应与工序加工要求的精度相适应。(3)机床的生产率应与零件的生产类型相适应。(答对1项给1.5分，全部答对给满分)

53. 答：(1)一组表达展开零件形状的图形。(2)一套正确、完整、清晰、合理的尺寸。(3)必要的技术要求。(4)填写完整的标题栏。(答对1项给1分，全部答对给满分)

54. 答：(1)工艺系统内部热源有摩擦热、转化热、切削热和磨削热三种(3分)。(2)工艺系统外部热源有环境温度、辐射热两种(2分)。

55. 答：(1)防止熔渣等杂物往上反弹，穿过割嘴，污染聚焦镜片，从而影响切割质量(3分)。(2)控制气体扩散面积及大小，从而控制切割质量(2分)。

56. 答：材料在弯曲过程中，外层受拉伸，内层受挤压，在其断面上必然会有一个既不受拉，又不受压的过渡层，应力几乎等于零，这个过渡层称为材料的中性层。(5分)

57. 答：弧压不要过高、枪嘴低一些；控制速度，一般选用满载荷80%左右；减少穿孔时间。(答对1项给1.5分，全部答对给满分)

58. 答：(1)板材得平面度直接影响切割后的单件的平面度。(2)板材平面度超差容易在切割过程中使切割的单件产生翘曲现象，直接威胁激光的割嘴安全。(答对1项给1.5分，全部答对给满分)

59. 答：(1)适用范围。(2)人员资质。(3)切割原理。(4)加工范围。(5)编制程序。(6)气体供应。(7)切割。(8)检查标准。(答对1项给0.5分，全部答对给满分)

60. 答：看零件图的目的是为了弄清零件图所表达零件的结构形状(1分)、尺寸(1分)和技术要求(1分)，以便指导生产和解决有关的技术问题，这就要求操作者必须具有熟练阅读零件图的能力(2分)。

61. 答:(1)检查原材料的材质、炉号、厚度,防止混料。(2)检验来料的表面状态和平面度是否符合加工要求,减少加工后的由于原材料问题造成的报废。(3)检查原材料规格,保证来料与排料图规格相同,减少切割过程中造成零件的报废。(答对1项给1.5分,全部答对给满分)

62. 答:审查图样上的视图(1分)、尺寸公差和技术要求是否正确、统一、完整(2分),并对零件的工艺性进行评价(1分),如发现不合理处应及时提出(1分)。

63. 答:(1)激光输出功率对加工的影响。(2)脉冲频率(低频率及高频率)对加工的影响。(3)脉冲比例对加工的影响。(4)加工速度对加工的影响。(5)辅助气体对加工的影响。(6)开孔时间对加工的影响。(7)焦点位置对加工的影响。(答对1项给0.5分,全部答对给满分)

64. 答:(1)产品特征,质量标准。(2)原材料、辅助原料特征及用于生产应符合的质量标准。(3)生产工艺流程。(4)主要工艺技术条件、半成品质量标准。(5)生产工艺主要工作要点。(6)主要技术经济指标和成品质量指标的检查项目及次数。(7)工艺技术指标的检查项目及次数。(8)专用器材特征及质量标准。(答对1项给0.5分,全部答对给满分)

65. 答:机床加工时的切割速度是由切割材料的厚度(1分),材质的软硬(1分),使用的切割压力(1分)以及供砂量来决定(1分,全部答对给满分)。

66. 答:(1)机器切割头回到参考点位置。(2)安全门关闭。(3)光栅保护系统处于正常状态。(4)工作台上没有材料探出台面,交换台导轨上没有杂物。(答对1项给1分,全部答对给满分)

67. 答:机床上常用的电器装置有熔断器、热继电器、交流接触器、按钮和行程开关等。(答对1项给1分,全部答对给满分)

68. 答:(1)机床通过程序控制或手动控制。(2)保护装置处于激活状态。(3)当激光束接通时,激光切削头处于工件之上的工位。(4)在设备的危险区域没有人停留。(答对1项给1分,全部答对给满分)

69. 答:(1)检查压缩机是否工作,用手摸其是否有震动。(2)检查冷却风扇是否工作。(3)检查高压保护开关是否跳开,可手动复位。(4)用压缩空气清理水冷机散热片。(答对1项给1分,全部答对给满分)

70. 答:不安全状态是指能导致发生事故的物质条件。它的表现形式为:(1)防护、保险、信号等装置缺乏或有缺陷。(2)设备、设施、工具、附件有缺陷。(3)个人防护用品用具等缺少或有缺陷。(4)生产(施工)场地环境不良。(答对1项给1分,全部答对给满分)

六、综合题

1. 答:切缝细小,可以实现几乎任意轮廓线的切割(1分);切割速度高(1分);切口的垂直度和平行度好,表面结构好(1分);热影响区非常小,工件变形小(1分);几乎没有氧化层(1分);几乎不受切割材料的限制(1分);无力接触式加工,没有"刀具"磨损,也不会破坏精密工件的表面(1.5分);具有高度的适应性、加工柔性高,可以实现小批量、多品种的高效自动化加工(1.5分);噪声小,无公害(1分)。

2. 答:激光切割是一个热加工的过程(1分),在这一过程中,激光束经透镜被聚焦于材料表面或以下(2分),聚焦光斑的直径很小(1分),聚焦光斑处获得的能量密度很高(1分),焦点以下的材料瞬间受热后部分汽化、部分熔化(1分),与激光束同轴的辅助气体经切割喷嘴将熔融的材料从切割区域去除掉(2分)。随着激光束与材料相对移动,形成宽度很窄的切缝(2分)。

3. 答:激光焊接技术、激光打标技术、激光打孔技术、激光雕刻技术、激光表面加工技术、激光快速成型技术、激光弯曲技术。(回答4项即为正确)(每答对1项给2分,答出4项及以上给满分)

4. 答:流速与流量、水压、能量密度、喷射距离、喷射角度,喷嘴直径。(每答对1项给1.5分,全部答对给满分)

5. 答:切割面上缘塌肩(即呈圆角)、切割面倾斜、切口宽度大、切口呈不对称形状、切割面粗糙、产生缺口。(每答对1项给1.5分,全部答对给满分)

6. 答:切割电流增大,电弧能量增加,切割能力提高,切割速度是随之增大(3分);切割电流增大,电弧直径增加,电弧变粗使得切口变宽(3分);切割电流过大使得喷嘴热负荷增大,喷嘴过早地损伤,切割质量自然也下降,甚至无法进行正常割(4分)。

7. 答:利用氧气和燃气的混合气体燃烧火焰(1分),将工件加热到燃烧的温度(1分),再打开切割氧气阀,高压氧气流喷射到红热的切割处,使之发生剧烈燃烧(2分),形成熔渣并放出大量的热(1分)。熔渣被高压氧吹除(1分),放出的热量又对下层金属起到加热作用(2分)。这种过程重复进行,同时移动割炬,就形成了整齐的割缝(2分)。

8. 答:对于几何形状复杂的零件(2分)需借助计算机使用规定的数控语言编写零件源程序(2分),经过处理后生成加工程序(2分),称为自动编程。

自动编程主要根据编程信息的输入和计算机对信息的处理方式的不同,分为语言输入式(2分)和图形交互式(2分)两类。

9. 答:首先要分析零件图样的要求,确定合理的加工路线及工艺参数(2分),计算刀具中心运动轨迹及其未知数据(2分),然后将全部工艺过程以及其他辅助功能按运动顺序,用规定的指令代码及程序格式编制成数控加工程序(2分),经过调试后记录在控制介质上,最后输入到数控装置中,以此控制机床完成工件的全部加工过程(2分)。因此,把从分析零件图样开始到获得正确的程序载体位置的全过程称为零件加工程序的编制(2分)。

10. 答:数控加工编程的主要内容有:分析零件图、确定工艺过程及工艺路线、计算刀具轨迹的坐标值、编写加工程序、程序输入数控系统、程序校验及首件试切等。(每答对1项给1分,全部答对给满分)

11. 答:编码盘是一种旋转式测量元件(1分),通常装在被检测轴上(2分),随着被测轴一起转动(2分),可将被测轴的角位移转换成增量脉冲形式或绝对式的代码形式(2分)。根据内部结构和检测方式可分为接触式(1分)、光电式(1分)和电磁式(1分)三种。

12. 答:导轨润滑的目的是减少摩擦阻力和摩擦磨损,避免低速爬行,降低高速时的温升(4分)。为了防止切屑,磨粒或冷却液散落在导轨面上,引起磨损加快擦伤和锈蚀,导轨面上应有可靠的防护装置(3分)。常用的防护装置有刮板式,卷帘式和叠层式防护套(3分)。

13. 答:激光谐振器运行时相对负压(2分),如果直接关闭电源,外部其他气体有可能进入谐振腔,带入灰尘(2分),影响激光发生器正常工作(2分)。自动退出激光时,系统把谐振腔充满氮气(2分),相对正压(1分),有效保护了激光发生器(1分)。

14. 答:换向阀的作用是利用阀芯和阀体间的相对运动来变换液流的方向(2分),接通或关闭油路,从而改变液压系统的工件状态(2分)。要求是:(1)液体流经换向阀时压力损失小

(2分)。(2)关闭的油口的泄漏量小(2分)。(3)换向可靠,而且平稳迅速(2分)。

15. 答:当操作这一按钮时,机床和托盘转换器的所有动作就会中断:(1)切削气体供给中断(2分)。(2)喷射阀门将关闭并且将切断激光束(2分)。(3)设备的全部供电(控制系统的24V电源除外)立即中断(2分)。(4)轴的基准点随之丢失。必须重新驶入基准位置(2分)。(5)已经开始的程序必须重新启动(2分)。

16. 答:危险:表示有严重的危害(1分)。如果不加以避免,将会导致死亡和重伤(3分)。

警告:表述处境有一定的危险(1分)。如果不能加以避免,会造成重伤或严重的财产损失(2分)。

小心:表示有可能产生的危险情况(1分)。如果不能避免,可能导致轻微人身伤害或少量财产损失的后果(2分)。

17. 答:系统参数发生变化时,会直接影响到机床的性能(2分),甚至使机床发生故障(2分),整台机床不能工作(2分)。

数控机床定位精度有特殊的意义。它是表明所测量的机床各运动部件在数控装置控制下运动所能达到的精度(4分)。

18. 答:1/20 mm游标卡尺,主尺每格1 mm,当两爪合并时,副尺上的20格刚好与主尺上的19 mm对正(2分)。副尺角格=19 mm/20=0.95 mm,主尺与副尺角格相差=1 mm−0.95 mm=0.05 mm(3分),同理,也有副尺上的20格与主尺39 mm对正的(2分),则副尺角格=39 mm/20=1.95 mm 主尺两格与副尺一格相差=2 mm−1.95 mm=0.05 mm(3分)。

19. 答:29.8(10分)。

20. 答:3.85 (10分)。

21. 答:11.4(10分)。

22. (1)直接测量。(2)间接测量。(3)绝对测量。(4)相对测量。(5)接触测量。(6)非接触测量。(7)单向测量。(8)综合测量。(9)被动测量。(10)主动测量。(每答对1项给1分,全部答对给满分)

23. 答:在数控切割机床上改变加工对象时,除了要更换刀具和解决工件装夹方法外(2分),只要重新编写并输入该零件的加工程序,便可以自动加工出新的零件(3分),不必对机床作任何复杂的调整(2分),对新产品的研制开发以及产品的改进、改型提供了方便(3分)。

24. 答:信息载体上记载的加工信息要经程序输入设备输送给数控装置(2分)。常用的程序输入设备有光电阅读机、磁盘驱动器和磁带机等(3分)。对于微机控制的机床,可用操作面板上的键盘直接输入加工程序或采用DNC直接数控输入方式,即把零件程序保存在上级计算机中(3分),CNC系统一边加工,一边接收来自上级计算机的后续程序段(2分)。

25. 答:(1)定位布局。视图表达方案确定后,画出各视图的主要基准线(一般为对称轴线)、主要安装平面、主要零件的中心线(2分)。(2)逐层画图形。围绕装配干线由里向外逐个画出零件的图形,剖开的零件,应直接画成剖开后的形状。作图时,应几个视图配合着画,应解决好零件装配时的工艺结构问题(2分)。(3)注出必要的尺寸及技术要求(2分)。(4)校对(1分)。(5)编序号、填写明细表、标题栏(2分)。(6)检查(1分)。

26. 答:超高压水切割加工是利用高速水流对工件的冲击作用来除去材料的,储存在水箱中的水或者加入添加剂的水液体,经过滤器处理后,由水泵抽出送至蓄能器中,使高压液体流动平稳(5分)。液压机构驱动增压器,使水压增高,高压水经过控制器、阀门、喷嘴喷射到工件的加工部位,进行切割(3分)。切割的过程中产生的切屑和水混合在一起,排入水槽(2分)。

27. 答:等离子体加工是利用电弧放电使气体电离成过热的等离子气体流束(5分),靠局部融化(2分)及汽化(3分)来消除材料。

28. 答:(1)原材料存放场地,有足够的场地存放待加工的原材料。(2)准备图纸和相关技术文件,待加工零件的图纸、展开图、工艺规程等。(3)查看格栅状况,若格栅上覆盖大量熔渣需立即清理。(4)检查来料,包括原材料材质、炉号、规格、缺陷。(5)拷贝源程序,根据排料图核对源程序和原材料。(6)上料,将板材平铺到工作台上。(7)选用合适的割嘴,检查割嘴、调整机床参数。(8)切割首件,测量首件尺寸和切割断面,微调机床参数。(每答对1项给1分,全部答对给满分)

29. 答:如图1所示。(评分标准:每条尺寸线3分,全部答对给满分,凡错、漏、多一条线各扣3分)

30. 答:如图2所示。(评分标准:每条尺寸线1分,凡错、漏、多一条线各扣1分)

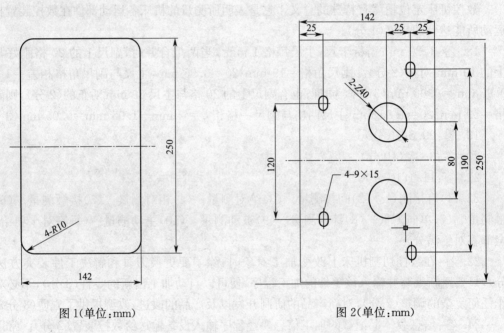

图1(单位:mm)   图2(单位:mm)

31. 答:如图3所示。(评分标准:每条尺寸线2分,凡错、漏、多一条线各扣2分)

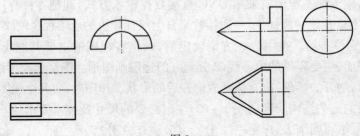

图3

32. 答:优点:(1)合理使用共线切割法进行切割是有效节约板材,提高原材料利用率。(2)有效的减少实际切割路径,提高切割效率。(3)减少燃气的用量,提高割嘴的使用寿命节约成本。(4)减少工业废气的排放,降低环境污染。(5)还减少了换模时间,降低劳动强度。(每答对1项给2分,全部答对给满分)

缺点:(1)编程比较复杂,需根据母材的材质(2分)、厚度(2分)、工件的大小(2分)、形状来确定补偿值的多少(2分)。(2)热变形的量比较大且比较难控制(2分)。

33. 答案:(1)离合迅速、平稳无冲击,分离彻底,动作可靠。(2)结构简单,重量轻惯性小,外形尺寸小,工作安全,效率高。(3)接合元件耐磨性高,使用寿命长,散热条件好。(4)操纵方便省力,制造容易,调整及维修方便。(每答对1项给2分,全部答对给满分)

34. 答:(1)关闭主开关,并将其锁住,并拔下钥匙。(2)从底板上松解并抬起液压机组。(3)打开排油螺栓排放费油,给排油螺栓配上新的密封件并关闭。(4)取下清洁口的顶盖,并用不起毛的布将剩余费油擦净。(5)关闭顶盖,为此必须检查密封件,需要时将其更换。(6)更换滤油器。(7)加注指定液压油。(每答对1项给1分,全部答对给满分)

35. 答:(1)当操作该按键时,机床上所有的动作停止。(2)基准点仍然保留。(3)切削头运行到上部终端位置。(4)激光束和切削气体被切断。(5)通过操作启动键解除进给暂停。(6)只要进给暂停存在,机床就不可能运动。(7)当处于进给暂停状态时,按键即发光。(每答对1项给1分,全部答对给满分)

数控切割机床操作工(高级工)习题

一、填 空 题

1. 随着激光切割功率密度的( ),切割速度和可切割板厚均可增加。

2. 与低碳钢相比,不锈钢激光切割需要的激光功率和氧气压力都( )。

3. 涂吸光材料可以改善铝合金表面对( )的吸收。

4. 铜合金激光切割时,辅助气体采用氧和( )。

5. 在用氧气做辅助气体进行激光切割时,在合适的切割速度下不发生( )现象。

6. CO_2 激光切割功率与板厚的比值同切割速度成( )关系。

7. 激光切割在阈值以上时,切割速度直接与有效功率密度成( )。

8. 切割同种材质同种料厚,在特定的参量下,切割速度可以适当改变,以期获得不同的( )。

9. 激光切割速度对( )和切缝宽度有较大的影响。

10. 激光切割速度过高,容易出现切口( )。

11. 激光切割速度过低,则材料过烧,( )和材料热影响区过大。

12. 以激光切割文字为例,对于文字中某部分内外都是封闭的情况,称为( )现象。

13. 当砂刀管射出的高压水呈发散状时,应首先检查( )和砂刀管。

14. 高压水切割在切割开始时,打孔时水逆流,可能是( )。

15. 高压水切割水压对切缝质量影响很大,水压( ),会降低切边质量。

16. 根据不同的加工条件,喷射距离有一个最佳值。一般范围为 2.5~50 mm,常用范围为( )mm。

17. 高压水切割在加工厚度较大的工件,断面质量随( )发生变化。

18. 能量密度,即高压水从喷嘴喷射到( )上的功率,也称功率密度。

19. 等离子切割厚板时,切割垂直度差,割口成( )形状。

20. 等离子切割采用两种气体时,一种用于形成等离子,另一种用作( )。

21. 水再压缩等离子切割,使用水替代了( ),可以改善喷嘴和工件的冷却效果。

22. 在等离子切割时,如果工件表面有油污或锈蚀,除了会引起切割面不光洁以外,还可能引起( )。

23. 等离子切割大厚度工件时,开始时要( ),时间根据被切割材料的性能和厚度确定。

24. 在等离子切割过程中,由于( )中常含有氧气等杂质,随气体纯度的降低,钨极的烧损增加,会引起工艺参数的变化,使切割质量降低。

25. 上边缘切割质量缺陷是由于( )而造成的质量缺陷。

26. 切割断面的( )直接影响后续工序的加工质量,与割纹的超前量及其深度有关。

27. 火焰切割前,首先将工件垫平,工件下面留出一定的间隙,以利于( )的吹除。

28. 火焰切割断面后拖量过大是指切割断面割纹向( )偏移很大,同时随着偏移量的大小而出现不同程度的凹陷。

29. 火焰切割割嘴高度过低会使切口上线发生熔塌,飞溅时易堵塞割嘴,甚至引起( )。

30. 一般来说,燃烧速度快、燃烧值高的气体适用于( )切割。

31. 数控,即数字控制,以数字化信息对( )及加工过程进行控制的一种方法。

32. 数控机床坐标系一般选用( )坐标系。

33. 数控机床自动化程度( ),可以减轻操作人员劳动强度。

34. 计算机辅助制造简称( )。

35. 激光编程时,应设置先切割较小的轮廓,( )的轮廓放在最后割。

36. 激光切割时,如轮廓与轮廓间的间距较小时,且排列数量较多时,应采用( )割。

37. 工作坐标系原点的选择主要考虑便于( )和测量。

38. 在程序运行时要重点观察数控系统上的( )、寄存器和缓冲寄存器显示、主程序和子程序。

39. 程序修改后,对( )一定要仔细计算和认真核对。

40. 自动编程系统主要分为语言输入式和( )式两类。

41. 零件的源程序,是编程人员根据被加工零件的几何图形和工艺要求,用( )编写的计算机输入程序。

42. 现代CNC机床是由软件程序、( )、运算及控制装置、伺服驱动、机床本体、机电接口等几部分组成。

43. 所有坐标点均以坐标系原点作为坐标位置的起点,并以此计算各点的坐标系,该坐标系叫( )坐标系。

44. 在坐标系中运动轨迹的终点坐标是以起点计量的坐标系,该坐标系叫( )坐标系。

45. 伺服系统的主要功能是接收来自数控系统的( )。

46. NC装置是数控机床的核心,包括硬件和( )。

47. CNC硬件包括:印刷电路板、( )、键盘。

48. 零点偏移是数控系统的一种特征。容许把数控测量系统的原点,在相对( )的规定范围内移动,而永久原点的位置被存储在数控系统中。

49. 伺服电动机是伺服系统的关键部件,它的性能直接决定数控机床的运动和( )。

50. 光栅属于光学元件,是一种高精度的( )。

51. CNC系统的中断类型包括:外部中断、内部定时中断、( )中断、程序性中断。

52. CNC装置输入的形式有光电阅读和纸带输入( )磁盘输入和上级计算机的DNC直接数控接口输入。

53. 译码处理,不论系统工作在NC方式或是存储器方式,都是将零件程序以一个( )方向上为单位进行处理。

54. 在闭环和半闭环伺服系统中,是用( )和指令信号的比较结果来进行速度和位置控制的。

55. CNC装置通常作为一个独立的过程控制单元用于工业自动化生产中,因此它的系统软件必须完成管理和( )两大任务。

56. 数控机床的加工精度主要由（　　　）的精度来决定。

57. 直线感应同步尺和长光栅属于（　　　）的位移测量元件。

58. 数控机床接口是指（　　　）与机床及机床电气设备之间的电气连接部分。

59. 位置控制主要是对数控机床的进给运动（　　　）进行控制。

60. 数控机床的定位精度是表明所测量的机床各运动部件在数控装置控制下（　　　）所能达到的精度。

61. 零件图样及（　　　）是编制加工中心程序的基础。

62. 按反馈方式不同，加工中心的进给系统分闭环控制、半闭环控制控制和（　　　）。

63. 当进给系统不安装位置检测器时，该系统称为（　　　）控制系统。

64. 自动编程是利用微机和专用软件，以（　　　）方式确定加工对象和加工条件，自动进行运算和生成指令。

65. 工作坐标系是编程人员在（　　　）使用的坐标系，是程序的参考坐标系。

66. 无废料排样法适用对于（　　　）的工件。

67. 工件坐标系，就是（　　　）坐标系。

68. 数控机床，数控装置进行"数据点的密化"称为（　　　）。

69. 伺服电动机又称执行电动机，在自动控制系统中用作（　　　），把所收到的电信号转换成电动机轴上的角位移或角速度输出。

70. 光栅尺位移传感器（简称光栅尺），是利用光栅的（　　　）原理工作的测量反馈装置。

71. 键连接可传递运动和（　　　）。

72. 齿轮啮合的基本要求是（　　　）、压力角相等。

73. 制动器摩擦块磨损可导致（　　　），要经常检查调整制动器间隙。

74. 液压换向阀的作用是（　　　）。

75. 良好的润滑是设备正常运行的必要保证，必须经常检查电机、油泵、（　　　）、管路等设施保持完好。

76. 机床电气设备电源为中性点工作接地的三相四线制供电系统，从安全防护来看，采用保护接零比（　　　）好。

77. 步进电动机在工作中有（　　　）两种基本运行状态。

78. 在坐标系中运动轨迹的终点坐标是以起点计量的坐标系，该坐标系叫（　　　）坐标系。

79. 一个完整的液压系统是由能源部分、执行机构部分、（　　　）、附件部分四部分组成的。

80. 设备润滑的"五定"是指定点、定质、（　　　）、定期、定人。

81. CRT 显示执行程序的移动内容，而机床不动作，说明机床处于（　　　）。

82. 激光切割机程序运行过程中如果出现故障，应立即按（　　　）。

83. 步进电动机每接受一个（　　　），就旋转一个角度。

84. 伺服电动机是伺服系统的关键部件，它的性能直接决定数控机床的运动和（　　　）。

85. 当有紧急状况时，按下（　　　）钮，可使机械动作停止，确保操作人员及机械的安全。

86. 数控机床的定位精度是表明所测量的机床各运动部件在数控装置控制下（　　　）所能达到的精度。

87. 离合器和制动器，两者是（　　　）和协调工作的关系。

88. 按照电器在控制系统中的作用可分为：控制电器和（　　　）两类。

89. 数控机床的 Y 轴是根据确定的( )轴,按右手直角坐标系确定。

90. 液压系统中的油泵属于( )。

91. 通快激光切割机的激光气体氦的纯度要求是( )。

92. 通快激光切割机的激光气体二氧化碳的纯度要求( )。

93. 通快激光切割机的激光气体氮的纯度要求是( )。

94. 通快激光切割机 FocusLine 定位尺寸将以( )为单位显示出喷嘴焦距的位置。

95. 通快激光切割机液压系统换油的保养周期为( )个运行小时。

96. 通过气体分配器可以调整切割用气体的压力和( )。

97. 电磁阀用字母( )表示。

98. 断路器用字母( )表示。

99. 热继电器用字母( )表示。

100. 在机械的主功能,动力功能,信息处理功能和控制功能上引用( ),并将机械装置和电子设备,软件技术有机地结合起来,构成一个完整的系统,称为机电一体化。

101. 联机诊断是指 CNC 装置中的( )程序。

102. CNC 装置只要改变相应的( )就可改变和扩展功能,来满足用户使用上的不同需要。

103. 可编程序控制器是一种( )运算操作的电子系统,主要为在工业环境下应用而设计。

104. 数控机床出现故障的直观法就是利用人的感观注意发生故障时的( )并判断故障的可能部位。

105. 通快激光切割机高频发生器运行时会出现高达( )伏的高频电压,点火电压还要高一倍。

106. 可编程序控制器的编程方式主要有指令字方式、流程图方式和( )方式三种。

107. 不论哪一种液压泵,都是按照( )变化的原理进行工作的。

108. 常用的流量控制阀有节流阀和( )阀。

109. 行程开关是用以反映工作机械的( ),发出命令以控制其运动方向或行程大小的电器。

110. 熔断器用来保护电源,保证其不在( )状态下工作。

111. 划线时为简化换算过程,应先分析图样找出( )。

112. 基本线条的划法包括:平行线、垂直线、角度线、等分圆周及( )线等。

113. 数显千分尺有齿轮结构和( )显示两种。

114. 标准公差是用来表示公差值的,即( )的大小。

115. 标准公差必须是国标表格(标准公差数值)中的,否则便是( )值。

116. 在满足表面功能的情况下,尽量选用( )的粗糙度参数值。

117. 宏观和微观几何形状误差以及表面波纹三种误差属于( )误差。

118. 零件上两个或两个以上的点、线、面间的相互位置在加工后所形成的误差是( )误差。

119. 图样机件要素的线性尺寸与实际机件的相应要素的线性尺寸之比叫( )。

120. 图样是由物体三个面表达出来的,这三个面表达的每个面形状称为( )。

121. 装配图应能清楚地反映各零件的相对位置和(　　)关系。

122. 装配图视图位置的选择应重点突出,相互配合,避免(　　)。

123. 某一尺寸减其基本尺寸,所得的代数差称为(　　)。

124. 标准规定的基轴制是(　　)。

125. 表面结构是反映零件表面微观几何形状(　　)的一个重要指标。

126. 半剖视是以零件对称中心线为界,一半画成剖视,另一半画成(　　)所得到的图形。

127. 游标卡尺的读数精度是利用主尺和副尺刻线间的(　　)来确定的。

128. 零件的某一部分向基本投影面投影而得到的视图称为(　　)。

129. 零件向不平行任何基本投影面的平面投影所得的视图,称为(　　)。

130. 我国规定以米及其他的十进倍数和分数作为(　　)测量的基本单位。

131. 测量结果与真值的一致程度叫(　　)。

132. 零件各表面之间的实际位置与理想零件各表面之间位置的符合程度叫(　　)。

133. 在国际单位制中,长度的基本单位是(　　),单位符号是 m。

134. 在工厂的长度游标量具中,最常见的是(　　)三大类。

135. 游标卡尺的读数原理是:利用游标卡尺的游标刻线间距与主尺刻线间距差形成游标分度值,测量时在主尺上读取(　　),在游标上读取小数值。

136. 点、线、面、立体等几何要素在三面投影体系中的投影称为(　　)。

137. 零件表面本身或表面之间的实际尺寸与理想零件尺寸之间的符合程度叫(　　)。

138. 零件各表面本身的实际形状与理想零件表面形状之间的符合程度叫(　　)。

139. 曲面体的截交线是曲线,平面体的截交线是(　　)。

140. 用剖切平面完全地剖开零件,所得的剖视图称为(　　)。

141. 测量粗糙度的仪器形式各种各样,从测量原理上来看有、(　　)、光切法、光干涉法和针描法等。

142. 在一般情况下,基本偏差优先采用(　　)制。

143. 在有明显经济效果的情况下基本偏差采用(　　)制。

144. 选用公差等级的原则,是在满足使用要求的前提下,尽可能的选用(　　)的公差等级。

145. 由一组相互连接又相互制约的尺寸所构成的(　　)图形,称之为尺寸链。

146. 三视图的关系是:长对正、高平齐、(　　)。

147. 几何作图中尺寸分为:(　　)和定位尺寸。

148. 截交线是截平面与形体表面的(　　)。

149. 标准公差的数值与公差等级有关,也与(　　)有关。

150. 基本尺寸相同且相互结合的孔和轴公差带之间的关系称为(　　)。

151. 设备在切割时,尽可能从(　　)开始切割,并要按说明书的要求,切割喷嘴与工件表面的距离要合理,不许过载使用喷嘴,否则将损坏喷嘴。

152. 毛刺打磨质量直接影响零件的(　　)、疲劳强度、抗腐蚀性和外观质量。

153. 生产操作者用料前,要认真检查材料标识与图纸材质、生产下料票(　　)后方可进行生产。

154. 共线切割就是使加工的零件(　　)或斜线边合理的组合到一起,用一条切割缝代替两条切割缝的切割方法叫共线切割。

155. 火焰切割的火焰分氧化焰、中型焰、（　　）三种。

156. 合理使用共线切割法进行切割是有效节约板材，提高原材料（　　）。

157. 力学性能包括塑性、硬度、韧性、（　　）等几个方面。

158. 延伸公差带的延伸部分用（　　）线绘制，并在图样上标出相应的尺寸。

159. 程序修改后，对修改部分一定要（　　）后，方可输入数控机床。

160. 氧乙炔生产的件，常用的测量工具有（　　）、游标卡尺等。

161. 起弧采用（　　）方式可有效降低切入点的引弧缺陷。

162. 切割小件时需设置（　　），以防止小件落于隔栅的间隙中。

163. 为保证批量切割的成功率，在批量切割前需进行首件切割，检测（　　）、测量尺寸，必须根据切割断面情况及尺寸适当调整切割参数，以使切割断面质量和零件尺寸达到要求。

164. 长大件、（　　）、易变形制件要上料架存放、吊运。

165. 为防止混料，16MnR 板料四角 400 mm 范围内涂抹（　　）；SPA 耐候钢板料四角 400 mm 范围内涂抹红色油漆。

166. 图样中机件要素的线性尺寸与（　　）机件的相应要素的线性尺寸之比，叫比例。

167. 金属材料的机械性能是指金属材料在外力作用下所表现的（　　）能力。

168. 在国际单位制中，长度的基本单位是（　　）。

169. 工艺规程是一切有关生产人员都应严格执行、认真贯彻的（　　）性文件。

170. 根据合金元素含量不同铝板可以分为（　　）个系列。

171. 操作者要根据每天生产工作票和生产工艺过程卡片里的内容，认真查看需要加工制件的图号、名称、（　　）、加工数量等。

172. 提高火焰切割机割嘴的使用寿命的主要措施有（　　），在保证切割效果的前提下适当延长预热时间。

173. 当原材料板材平面度超差，在切割过程中容易划伤激光切割机的（　　）。

174. 编程人员将数控切割程序编制完成后，可用（　　）、U 盘等移动存储工具将程序传送至机床。

175. 高压水射流切割割嘴损坏的主要形式是（　　）。

176. 激光切割菱纹钢板时，最合理的加工工艺是在上料时将菱纹钢板（　　），以保证切割效率和切割过程的平稳性。

177. 切割铝板时，选用切割效率低的高压水射流切割，而不采用效率高的激光切割，主要是由于铝板（　　），间接损伤激光切割机的激光头。

178. 碳钢钢板与不锈钢钢板需要（　　）存放。

179. 激光切割的毛刺需要（　　）处理，保证发往下车间的料件无毛刺、锐棱。

180. 原材料不可直接放置在原材料存放区内，需要使用（　　）使原材料与地面隔开。

181. 首件质量确认时，若料件轮廓尺寸较大时，需放置在（　　）上检测。

182. 5 000 系列的铝板比 6 000 系列的铝板更（　　）折弯成型。

183. 调试机床参数、选用合适的割嘴是工艺准备的重要内容，主要是因为对料件的（　　）起决定用，进而影响料件的质量。

184. 激光切割、等离子切割、火焰切割，在上料时不需要对原材料进行（　　），成自然状态放置在工作台上即可。

185. 可交换式工作台,可以缩短板材加工结束(　　)时间,从而提高生产效率。

186. 绘制展开图后,须由除绘图人之外的人员(　　)通过后,方可使用。

187. 合理的场地布局利于减少(　　),提高劳动生产率。

188. 板料在弯曲过程中外层受到拉应力,内层受到压应力,从拉到压之间有一既不受拉力又不受压力的过渡层是(　　)。

189. 中性层位置与变形程度有关,当弯曲半径变小,折弯角度增大时,变形程度随之增大,中性层位置逐渐向弯曲中心的(　　)移动。

190. 铝合金料件折弯、成型,绘制展开图时,折弯线或成型变形线应(　　)于纹路方向。

二、单项选择题

1. 激光切割 12 mm 低碳钢时,随着切割速度的加快,激光功率(　　)。
(A)降低　　　　　　(B)不变　　　　　　(C)加大　　　　　　(D)不确定

2. 激光切割 12 mm 不锈钢时,在相同切割速度下,激光熔化切割和激光氧气切割谁需要的功率大(　　)。
(A)熔化切割功率大　　　　　　　　(B)氧气切割功率大
(C)一样大　　　　　　　　　　　　(D)不确定

3. 激光切割在相同功率下,随着切割工件板厚的增加,切割速度(　　)。
(A)增加　　　　　　(B)不变　　　　　　(C)减小　　　　　　(D)不确定

4. 激光切割时,在相同切割速度下,随着切割功率的增加,能切割材料的板厚(　　)。
(A)不确定　　　　　　(B)减少　　　　　　(C)不变　　　　　　(D)增加

5. 激光切割喷嘴直径(　　),热影响区变窄。
(A)减少　　　　　　(B)不变　　　　　　(C)不确定　　　　　　(D)增加

6. 喷嘴直径过大,会导致以下(　　)问题。
(A)校准困难　　　　　　　　　　　(B)切缝过宽
(C)光束在喷嘴口被削截　　　　　　(D)没什么影响

7. 在特定的参量下,激光切割速度(　　),以期获得不同的切割质量。
(A)随意变化　　　(B)不能变化　　　(C)适当变化　　　(D)不确定

8. 复杂图案在激光切割排版时应设置(　　)切割,从而尽量减少切割过程中的弹起和凹下。
(A)由外向内　　　　　　　　　　(B)由内向外
(C)由外向内和由内向外均可　　　(D)随意切割

9. 以下图案激光切割时必须进行孤岛打断处理的是(　　)。
(A)KFC　　　　(B)文字　　　　(C)123　　　　(D)WTM

10. 激光切割 8 mm 耐磨钢板排料时,为减少折弯过程中的易断裂,工件的折弯线方向应与材料纤维方向(　　)。
(A)一致　　　　　　(B)不做要求　　　　　　(C)没有规律　　　　　　(D)垂直

11. 激光切割环形辅助路径的设置是为了在不改变激光功率和(　　)的情况下完成对外

轮廓尖锐部位的正常切割。

(A)切割速度　　　(B)焦点距离　　　(C)切缝宽度　　　(D)切割质量

12. 为了提高激光切割质量,保证加工精度,应将"引弧孔"设置于(　　)上。

(A)零件轮廓上　　(B)加工区域之内　　(C)加工区域之外　　(D)任意位置

13. (　　)时间内,高压水切割清理一次冷却箱及电器柜的过滤网。

(A)1 周　　　　　(B)1 月　　　　　(C)6 个月　　　　(D)2 周

14. 每(　　)天要对低压供水管路上的滤芯进行清洗必要时更换新滤芯。

(A)5　　　　　　　(B)30　　　　　　(C)15　　　　　　(D)10

15. 超高压水喷射加工时一般正前角为(　　)。

(A)$0°\sim30°$　　(B)$0°\sim40°$　　(C)$0°\sim50°$　　(D)$0°\sim60°$

16. 高压水切割在加工厚度较大的工件时,以下部分断面质量最好的是(　　)部分。

(A)下部区域　　　(B)中部区域　　　(C)上部区域　　　(D)所有区域都一样

17. 高压水切割机每班工作前要检查硬水软化箱里的(　　)以及冷却水箱里的水是否充足。

(A)水　　　　　　(B)盐　　　　　　(C)油　　　　　　(D)其他液体

18. 切割过程中为避免小件倾斜导致碰撞,通常采用(　　)方式。

(A)微连接　　　　(B)格栅加密　　　(C)隔排切割　　　(D)隔件切割

19. 等离子切割过程中,产生"双弧"现象后,容易造成以下(　　)故障或缺陷。

(A)断弧　　　　　(B)喷嘴烧损　　　(C)割不透　　　　(D)切割面不光洁

20. 等离子切割前应把工件表面清理干净,避免工件表面有油污或锈蚀等,这样做是为了尽量减少以下(　　)缺陷。

(A)切口太宽　　　(B)割不透　　　　(C)切口熔瘤　　　(D)切割面不光洁

21. 随切割厚度的增加,需熔化的金属时也增加,因此所要求的等离子弧(　　)比较大。

(A)速度　　　　　(B)气体压力　　　(C)功率　　　　　(D)稳定性

22. 用(　　)作为切割气体时,一般是使非转移弧在纯 N_2 或纯 Ar 中激发,等到转移型弧激发产后 $3\sim6$ s 再开始供应为好,否则非转移型弧将不易引燃,影响切割的顺利进行。

(A)氧气　　　　　　　　　　　　　(B)水蒸气

(C)氢气　　　　　　　　　　　　　(D)N_2+Ar 混合气体

23. 对绝大多数金属材料来说,(　　)是还原性气体,可有效防止材料的氧化。

(A)氧气　　　　　(B)氢气　　　　　(C)氮气　　　　　(D)氩气

24. (　　)是惰性气体,即不与各种金属起化学反应也不溶于金属。

(A)氧气　　　　　(B)氮气　　　　　(C)氩气　　　　　(D)氢气

25. 火焰切割时,割缝上窄下宽,成喇叭状,可能是(　　)情况造成。

(A)切割速度太慢　　　　　　　　　(B)割嘴与工件之间高度太小

(C)切割氧压力太低　　　　　　　　(D)割嘴号偏大,使切割氧流量太大

26. 在火焰切割加工过程中,其他参数正常,但是工件放置不平,可能造成以下(　　)缺陷。

(A)　　　　　　　(B)　　　　　　　(C)　　　　　　　(D)

27. 火焰切割中氧气压力过高,可能出现(　　)情况。

(A)水滴状熔豆串　　　　　　　　　(B)上边缘塌边

(C)切割断面上边缘有挂渣　　　　　(D)切割断面凹陷

28. 切割碳含量较高或合金元素较多的钢材时,因为他们燃点较高,预热火焰的功率(　　)。

(A)要小一些　　　(B)要大一些　　　(C)无特殊要求　　　(D)恒定

29. 以下板厚在火焰切割时,(　　)mm 板厚预热火焰功率最大。

(A)3~10　　　(B)10~25　　　(C)25~40　　　(D)40~50

30. 以下火焰切割气体中,发热量最大的是(　　)。

(A)甲烷　　　(B)乙炔　　　(C)丙烷　　　(D)天然气

31. 程序段前面加"/"符号表示(　　)。

(A)不执行　　　(B)停止　　　(C)跳跃　　　(D)单程序

32. 下列哪种伺服系统的精度最高(　　)。

(A)开环伺服系统　　　　　　　　　(B)闭环伺服系统

(C)半闭环伺服系统　　　　　　　　(D)闭环、半闭环系统

33. 直流伺服电动机主要适用于(　　)伺服系统中。

(A)开环,闭环　　　(B)开环,半闭环　　　(C)闭环,半闭环　　　(D)开环

34. 光栅中,标尺光栅与指示光栅的栅线应(　　)。

(A)相互平行　　　　　　　　　　　(B)互相倾斜一个很小的角度

(C)互相倾斜一个很大角度　　　　　(D)处于任意位置均可

35. 数控机床的信息输入方式有(　　)。

(A)按键和 CRT 显示器　　　　　　(B)磁带、磁盘

(C)手摇脉冲发生器　　　　　　　　(D)以上均正确

36. 与程序段号的作用无关的是(　　)。

(A)加工步骤标记　　　　　　　　　(B)程序检索

(C)人工查找　　　　　　　　　　　(D)宏程序无条件调用

37. 数控机床是采用数字化信号对机床的(　　)进行控制。

(A)运动　　　　　　　　　　　　　(B)加工过程

(C)运动和加工过程　　　　　　　　(D)无正确答案

38. 按运动方式,数控机床可分为(　　)。

(A)点位控制、点位直线控制、轮廓控制

(B)开环控制、闭环控制、半闭环控制

(C)两坐标数控、三坐标数控、多坐标数控

(D)硬件数控、软件数控

39. 在数控机床的组成中,其核心部分是(　　)。

(A)输入装置　　　(B)运算控制装置　　　(C)伺服装置　　　(D)机电接口电路

40. 闭环伺服系统结构特点(　　)。

(A)无检测环节　　　　　　　　　　(B)直接检测工作台的位移、速度

(C)检测伺服电机转角　　　　　　　(D)检测元件装在任意位置

41. 下列哪种联结点称为基点( )。

(A)相邻直线的交点　　　　　　　　(B)直线与圆弧的交点或切点

(C)(A)、(B)都是　　　　　　　　　(D)无正确答案

42. 在机床控制电路中,不起失压保护的电器是( )。

(A)交流接触器　　(B)自动空气开关　　(C)熔断器　　　(D)欠电压分断器

43. 在使用 CNC 操作面板向 CNC 输入程序过程中,若在写某个程序段的过程中,必须在这个程序段内插入某个字符,需使用( )键。

(A)INS　　　　　(B)ENTER　　　　(C)SHIFT　　　　(D)CAPS

44. 无论零件的轮廓曲线多么复杂,都可以用若干直线段或圆弧段去逼近,但必须满足允许的( )。

(A)编程误差　　　(B)编程指令　　　(C)编程语言　　　(D)编程路线

45. 数控机床作空运行试验的目的是( )。

(A)检验加工精度　　　　　　　　　(B)检验功率

(C)检验程序是否能正常运行　　　　(D)检验程序运行时间

46. 数控机床编程序时,常用有几种坐标系,下面那一种是错误的( )。

(A)机床坐标系　　(B)工件坐标系　　(C)参考点坐标系　　(D)极坐标系

47. 数控系统的程序编制错误造成的软件故障只要相应改变程序内容或( )就能排除故障。

(A)更换坏的器件　　(B)改动线路　　(C)修改参数　　　(D)调整

48. SP 系列交流伺服电机具有高的精度和可靠性,适用于高精度数控机床,能用于( )。

(A)高速运转　　　(B)精加工　　　　(C)粗加工　　　　(D)切削

49. 在现代数控机床中,一般都采用( )使主轴定向。

(A)机械挡块　　　(B)能耗制动　　　(C)电气方式　　　(D)模拟信号

50. CNC 装置的准备功能也称( )功能,再来命令机床动作方式的功能。

(A)F　　　　　　(B)M　　　　　　(C)G　　　　　　(D)T

51. 输入 CNC 装置的有零件程序( )和补偿数据。

(A)控制参数　　　(B)进给率　　　　(C)指令代码　　　(D)固定循环

52. 数控机床中,零点是在程序中给出的坐标系是( )。

(A)机床坐标系　　(B)工件坐标系　　(C)局部坐标系　　(D)绝对坐标系

53. 数控机床按数控装置的类型分为硬件式和( )。

(A)伺服进给类　　(B)软件式　　　　(C)金属成型类　　(D)经济型

54. 数控机床的进给系统由 NC 发出指令,通过伺服系统最终由( )来完成坐标轴的移动。

(A)电磁阀　　　　(B)伺服电机　　　(C)变压器　　　　(D)测量装置

55. 计算机操作系统是( )。

(A)硬件　　　　　(B)软件　　　　　(C)程序　　　　　(D)应用程序

56. 交流伺服电动机在没有控制电压时,定子内只有励磁绕组产生的脉动磁场,转子( )。

(A)加速转动　　　　(B)减速转动　　　　(C)静止不动　　　　(D)匀速转动

57. 光栅尺测量输出的信号为(　　)，具有检测范围大、检测精度高、响应速度快的特点。

(A)模拟信号　　　　(B)数字脉冲　　　　(C)激光脉冲　　　　(D)电子信号

58. 光栅尺属于(　　)。

(A)温度传感器　　　(B)位移传感器　　　(C)压力传感器　　　(D)速度传感器

59. 无论哪一种数控机床都规定 Z 轴作为平行于主轴中心线的坐标轴，如果一台机床有多根主轴，应选择(　　)工件装卡面的主要轴为 Z 轴。

(A)平行于　　　　　(B)垂直于　　　　　(C)靠近于　　　　　(D)远离于

60. X 轴通常选择为平行于工件装卡面，与主要切削进给方向(　　)。

(A)平行　　　　　　(B)垂直　　　　　　(C)相同　　　　　　(D)相反

61. 机床坐标系的(　　)要参照机床参考点而定。

(A)起点　　　　　　(B)终点　　　　　　(C)原点　　　　　　(D)拐点

62. 程序编制人员在编程时一般采用的是(　　)坐标系。

(A)相对　　　　　　(B)绝对　　　　　　(C)机床　　　　　　(D) 设备

63. 给出两端点间的插补数字信息，借此信息控制刀具与工件的相对运动，使其按规定的(　　)加工出理想曲面的插补方式为直线插补。

(A)圆弧　　　　　　(B)曲线　　　　　　(C)抛物线　　　　　(D)直线

64. 给出两端点间的插补数字信息，借此信息控制刀具与工件的相对运动，使其按规定的圆弧加工出理想曲面的插补方式为(　　)。

(A)直线插补　　　　(B)圆弧插补　　　　(C)抛物线插补　　　(D)样条线插补

65. 手工编程是指所有编制加工程序的全过程，即图样分析，工艺处理，数值计算，编写程序，制作控制介质，程序校验都是有(　　)来完成。

(A)自动　　　　　　(B)电脑　　　　　　(C)机床　　　　　　(D)手工

66. 手工编程具有编程(　　)的优点。

(A)快速及时　　　　(B)速度慢　　　　　(C)效率低　　　　　(D)错误多

67. 自动编程是由(　　)编制数控加工程序的过程。

(A)人工　　　　　　(B)程序员　　　　　(C)计算机　　　　　(D)存储器

68. 一些计算烦琐、手工编程困难或无法编出的程序可以通过(　　)编程方式实现。

(A)手工　　　　　　(B)自动　　　　　　(C)人工　　　　　　(D)计算

69. 自动编程一般在计算机上通过(　　)来实现。

(A)文档　　　　　　(B)文件　　　　　　(C)存储　　　　　　(D)编程软件

70. 每个程序都以(　　)开头，给程序编号以便进行检索。

(A)程序段　　　　　(B)程序号　　　　　(C)程序代码　　　　(D)程序指令

71. 带传动是利用(　　)作为中间挠性件，依靠带与带之间的摩擦力或啮和来传递运动和动力。

(A)从动轮　　　　　(B)主动轮　　　　　(C)带　　　　　　　(D)带轮

72. 按齿轮形状不同可将齿轮传动分为(　　)传动和圆锥齿轮传动两类。

(A)斜齿轮　　　　　(B)圆柱齿轮　　　　(C)直齿轮　　　　　(D)齿轮齿条

73. 液压传动中，在管道直径不变的情况下，油液在管道中的流速与(　　)有关。

(A)进油管直径　　　(B)油压的压力　　　(C)油液的流量　　　(D)油泵的功率

74. 在要求运动平稳、流量均匀、压力脉动小的中、低压液压系统中,应选用(　　)。

(A)CB 型齿轮泵　　(B)YB 型叶片泵　　(C)轴向柱塞泵　　(D)螺杆泵

75. 齿轮常用的齿廓曲线是(　　)。

(A)抛物线　　　　(B)渐开线　　　　(C)摆线　　　　(D)圆弧曲线

76. 能保证平均传动比准确的是(　　)。

(A)带传动　　　　(B)链传动　　　　(C)斜齿轮传动　　　(D)蜗杆传动

77. 螺旋传动机构(　　)。

(A)结构复杂　　　(B)传动效率高　　　(C)承载能力低　　　(D)传动精度高

78. 按等加速、等减速运动规律工作的齿轮机构(　　)。

(A)会产生"刚性冲击"　　　　　　(B)会产生"柔性冲击"

(C)适用于齿轮做高速运动的场合　　　(D)适用于从动质量较大的场合

79. 油液的黏度越大,(　　)。

(A)内摩擦力就越大,流动性较好　　　(B)内摩擦力就越大,流动性较差

(C)内摩擦力就越小,流动性较好　　　(D)内摩擦力就越小,流动性较差

80. 当系统的工作压力较高时,宜选用(　　)。

(A)黏度高的液压油　　　　　　　(B)黏度低的液压油

(C)较稀的液压油　　　　　　　　(D)流动性好的液压油

81. 变压器不能改变(　　)。

(A)交变电压　　　(B)交变电流　　　(C)阻抗　　　　(D)频率

82. 正确的触电救护措施(　　)。

(A)打强心剂　　　(B)接养气　　　　(C)人工呼吸　　　(D)按摩胸口

83. 在正反转控制线路中,当一接触器主触头熔焊而另一接触器吸合时,必然造成线路短路,为防止这一现象的出现,应采用(　　)。

(A)接触器自锁　　(B)接触器联锁　　(C)复合按钮联锁　　(D)行程开关联锁

84. 在工作台自动往返控制线路中,改变位置开关的(　　),就可以改变工作的行程。

(A)型号　　　　　(B)接线　　　　　(C)位置　　　　(D)触头种类

85. 一台电动机启动后,另一台电动机方可启动的控制方式属于(　　)。

(A)多地控制　　　(B)顺序控制　　　(C)程序控制　　　(D)混合控制

86. 直流电动机中,常采用安装(　　)的方法,以减少电枢绕组的电流换向时产生的火花。

(A)换向器　　　　(B)电刷　　　　　(C)换向磁极　　　(D)主磁极

87. FLOW 水刀切割机当砂刀管射出的高压水呈发散状时,应首先检查(　　)。

(A)割嘴和砂刀管　　(B)水过滤器　　(C)高压泵　　　　(D)气源压力

88. FLOW 水刀切割机当显示坐标的黄色数字闪动时,说明(　　)。

(A)泵进水压力低　　(B)油箱油位低　　(C)砂箱缺砂　　　(D)程序错误

89. 等离子切割机更换切割嘴及电极等易损件前必须切断(　　)电源。

(A)等离子　　　　(B)系统　　　　　(C)手持盒　　　　(D)机床

90. 精细等离子弧压是通过(　　)来设置的。

(A)手持盒　　　　　(B)键盘　　　　　(C)控制面板　　　　　(D)其他

91. 下列哪种伺服系统的精度最高（　　）。

(A)开环伺服系统　　(B)闭环伺服系统　　(C)半闭环伺服系统　　(D)闭环、半闭环系统

92. 直流伺服电动机主要适用于（　　）。

(A)开环　　　　　　(B)闭环　　　　　　(C)半闭环　　　　　　(D)(B)、(C)都适用

93. 共享总线结构的模块之间的通信,主要依靠（　　）来实现。

(A)存储器　　　　　(B)多端口存储器　　(C)CPU　　　　　　(D)通信电缆

94. 机床以工作速度运转时,主要零部件的几何精度叫（　　）。

(A)制造精度　　　　(B)运动精度　　　　(C)传动精度　　　　(D)动态精度

95. 切割碳钢时,有如下现象,切缝底部两侧熔渣黏在一起,可整体掰除。造成这种现象的原因是（　　）。

(A)气体压力大　　　(B)焦点位置太高　　(C)切割速度太快　　(D)功率太小

96. 激光切割最小孔直径为（　　）。

(A)2 倍板厚　　　　(B)3 倍板厚　　　　(C)4 倍板厚　　　　(D)1 倍板厚

97. 在激光切割机工作时,如果有人进入保护光栅保护区内,则保护光栅信号灯（　　）。

(A)闪烁　　　　　　(B)熄灭　　　　　　(C)变亮　　　　　　(D)变暗

98. 油雾器是为了得到（　　）的压缩空气,所必需的一种基本元件。

(A)有润滑　　　　　(B)洁净干燥　　　　(C)稳定压力　　　　(D)方向一定

99. 在机床控制电器中,起过载保护的电器是（　　）。

(A)熔断器　　　　　(B)热继电器　　　　(C)交流接触器　　　(D)时间继电器

100. 型号为 WALC1030 的法力莱激光切割机采用（　　）激光器。

(A)ROFIN　　　　　(B)通快　　　　　　(C)FANUC　　　　　(D)百超

101. 型号为 LMXVII30～TF6000 的田中激光切割机采用（　　）激光器。

(A)ROFIN　　　　　(B)通快　　　　　　(C)FANUC　　　　　(D)百超

102. 齿轮的运动误差影响齿轮传递运动的（　　）。

(A)平稳性　　　　　(B)准确性　　　　　(C)振动程度　　　　(D)机床力量

103. 发现液压系统油箱中油液呈乳白色,这主要是由于油中混入（　　）造成的。

(A)机构杂质　　　　(B)空气　　　　　　(C)水或冷却液　　　(D)其他杂质

104. 测量较长导轨在垂直平面内的直线度误差时,采用（　　）法较合适。

(A)直接测量　　　　(B)间接测量　　　　(C)光学基准　　　　(D)实物基准

105. 合理调整轴承间隙,是保证轴承寿命、提高轴的（　　）关键。

(A)旋转速度　　　　(B)旋转精度　　　　(C)表面结构　　　　(D)尺寸精度

106. 决定滑动轴承稳定性好坏的根本因素,是轴在轴承中的（　　）。

(A)转速大小　　　　(B)偏心距大小　　　(C)配合间隙大小　　(D)润滑程度

107. 链传动中,链轮轮齿逐渐磨损,节距增加,链条磨损严重时应（　　）。

(A)调节链轮中心距　　　　　　　　　　　(B)更换个别链节

(C)更换链条链轮　　　　　　　　　　　　(D)只更换链条即可

108. 调节分油器供油量,可以解决（　　）。

(A)各润滑点供油不均　　　　　　　　　　(B)润滑油不能供到润滑点

(C)经常转动油杯盖　　　　　　　　(D)管路堵塞现象

109. 零点偏移容许把数控测量系统的(　　)在相对机床基准点的规定范围内移动,而永久原点的位置被存储在数控系统中。

(A)零位　　　　(B)基准点　　　　(C)原点　　　　(D)原位

110. 变量泵是可以调节(　　)的液压泵。

(A)输出能量　　　(B)输出压力　　　(C)输出流量　　　(D)输出流速

111. 万能游标量角器测量(　　)的角度时,把直尺、角尺和卡块全部卸掉,直接用基尺和扇形板的测量面进行测量。

(A) 130°~180°　　(B)120°~160°　　(C) 160°~180°　　(D)230°~320°

112. 万能游标量角器的具体(　　)方法是先读主尺后度副尺,两者数值相加。

(A)使用　　　　(B)计算　　　　(C)读数　　　　(D)测量

113. 千分尺的螺杆旋转一周,轴向位移一个螺距,如果旋转 1/50 周,轴向位移就等于螺距的(　　)。

(A)1/100　　　(B)1/25　　　(C)1/5　　　(D)1/50

114. 千分尺分为机械式千分尺和(　　)千分尺两类。

(A) 电子　　　　(B)数码　　　　(C)旋转　　　　(D)螺旋

115. 测量误差可分为(　　)。

(A)三类　　　　(B)四类　　　　(C)五类　　　　(D)六类

116. 随机误差是指在同一条件下多次测量同一量值时,误差的大小和符号(　　)的误差。

(A)呈正弦变化　　(B)呈余弦变化　　(C)无一定规律　　(D)呈正切变化

117. 精度为 0.02 mm 的游标卡尺,副尺上的刻度是把 49 mm 的长度分为(　　)格。

(A)30　　　　(B)40　　　　(C)50　　　　(D) 60

118. 精度为 0.02 mm 的游标卡尺,主尺一小格与副尺一小格的差为(　　)mm。

(A)0.01　　　(B)0.02　　　(C)0.05　　　(D)1

119. 精度为 0.02 mm 的游标卡尺,主、副尺在第五格相差(　　)mm。

(A)0.1　　　(B)0.2　　　(C)0.3　　　(D) 0.5

120. 千分尺的精度为(　　)mm。

(A)0.01　　　(B)0.02　　　(C)0.05　　　(D) 0.1

121. 千分尺的螺纹配合副的螺距为(　　)mm。

(A)0.1　　　(B)0.2　　　(C)0.5　　　(D) 0.05

122. 用千分尺测量时,如测小件,比较方便的操作是将被测件放在(　　)。

(A)左手　　　　(B)右手　　　　(C)虎钳上　　　　(D) 平台上

123. 用千分尺测量大件时,要把被测件安放稳妥后,左手拿千分尺方架,用右手(　　)。

(A)拧动微动螺杆　　(B)拧动手柄　　　(C)拧动螺母　　　(D) 扶被测件

124. 如果千分尺与被测面接触正确妥帖,等棘轮一发生(　　)声音,可以计数。

(A)"咔"　　　(B)"咔咔"　　　(C)"咔咔咔"　　　(D)"咔咔咔咔"

125. 在万能游标量角器中,直尺与(　　)连成一体。

(A)刻度盘　　　(B)扇形板　　　(C)游标　　　　(D) 角尺

126. 万能游标量角器可以测量（　　）以上的任意外角。
(A)40°   (B)30°   (C)20°   (D)10°

127. 表面结构波距在（　　）mm。
(A)1～10   (B)10   (C)1   (D)0.5

128. 处理测量误差中的系统误差是（　　）。
(A)重新测量或按一定规律予以剔除   (B)设法消除或修正测量结果
(C)减少并控制其误差对测量结果的影响   (D)不可避免,无法解决

129. 用游标卡尺测量孔径时,若测量爪的测量线不通过孔心,则卡尺读数值比实际尺寸（　　）。
(A)相等   (B)大   (C)小   (D)不一定

130. 游标量具中,主要用于测量孔、槽的深度和阶台的高度的工具称为（　　）。
(A)游标深度尺   (B)游标高度尺   (C)游标齿厚尺   (D)外径千分尺

131. 对于机械制图上图形的画法,绝大多数用的是（　　）。
(A)轴测投影法   (B)立体图法   (C)正投影法   (D)平面视图法

132. 在机械制图中,通常所说的长对正是指（　　）。
(A)主视图的长与俯视图的长对正   (B)主视图的长与左视图的长对正
(C)主视图的长与右视图的长对正   (D)主视图的长与后视图的长对正

133. 在机械制图中,通常所说的高平齐是指主视图的高与（　　）的高平齐。
(A)俯视图   (B)左视图   (C)仰视图   (D)后视图

134. 斜视图是机件向（　　）于任何基本投影面的平面投影所得到的视图。
(A)平行   (B)不平行   (C)垂直   (D)不垂直

135. 物体的内形如果比较复杂,用基本视图不能清楚地表示出物体的层次,就可以用（　　）视图。
(A)辅助   (B)斜   (C)剖   (D)旋转

136. 剖面图只画出被切断处的断面形状,剖视图是除了画出被切断的形状,还要画出（　　）。
(A)剖切面后可见部分轮廓的投影   (B)剖切面后不可见部分轮廓的投影
(C)剖切面后部分轮廓的投影   (D)剖切面前可见部分轮廓的投影

137. 为使原视图的图形清晰,重合剖面的轮廓线用（　　）画出,以便区别。
(A)粗实线   (B)细实线   (C)虚线   (D)双点画线

138. 在零件图的尺寸标注中,要求避免注成（　　）尺寸链。
(A)封闭   (B)敞开   (C)任意   (D)半封闭

139. 公差带大小由（　　）确定。
(A)标准公差   (B)基本偏差   (C)基本尺寸   (D)极限尺寸

140. 标准公差用符号（　　）表示,后面的数字是公差等级代号。
(A)T   (B)IT   (C)H   (D)h

141. 标准公差的大小与公差等级有关,国家标准将公差等级分为（　　）级。
(A)20   (B)18   (C)16   (D)15

142. 标准公差中（　　）公差等级最高。

(A)IT20　　　　　(B)IT18　　　　　(C)IT01　　　　　(D)IT1

143. 图样中的尺寸以( )为单位时,无须标注计量单位的代号或名称。

(A)m　　　　　(B)dm　　　　　(C)mm　　　　　(D)cm

144. 尺寸线和尺寸界线均用( )绘制。

(A)细实线　　　(B)粗实线　　　(C)虚线　　　　(D)点画线

145. 截交线是截平面与形体表面的( )。

(A)相交线　　　(B)共有线　　　(C)独立线　　　(D)分界线

146. 用剖切平面,完全地剖开零件,所得的剖视图称为( )。

(A)剖面　　　　(B)全剖视　　　(C)半剖视　　　(D)局部剖视

147. 当零件所有表面具有相同的表面结构要求时,可在图样的( )标准。

(A)左上角　　　(B)右上角　　　(C)空白处　　　(D)任何地方

148. 图样上符号"⊥"表示( )公差。

(A)垂直度　　　(B)直线度　　　(C)偏差　　　　(D)圆柱度

149. 加工中用做定位的基准,称为( )基准。

(A)设计　　　　(B)工艺　　　　(C)定位　　　　(D)装配

150. 用来判别具有表面结构特征的一段基准长度称为( )。

(A)基本长度　　(B)评定长度　　(C)取样长度　　(D)轮廓长度

151. 结构钢中有害元素是( )。

(A)锰　　　　　(B)硅　　　　　(C)磷　　　　　(D)铬

152. 纯铜具有的特性之一是( )。

(A)良好的导热性　(B)较差的导电性　(C)较高的强度　(D)较高的硬度

153. 数控机床作空运行试验的目的是( )。

(A)检验加工精度　　　　　　　(B)检验功率

(C)检验程序是否能正常运行　　(D)检验程序运行时间

154. 每班工作前应把车间供水管路里的水排放( ),以排出管路里的锈水等杂质。

(A)5 min　　　　(B)1 h　　　　(C)2 h　　　　(D)10 min

155. 高压水射流切割切割最大厚度为( )mm。

(A)200　　　　　(B)220　　　　(C)210　　　　(D)250

156. 关于划伤,用指甲刮过时有手感的划伤(或刮手感)属于( )。

(A)深度划伤　　(B)重度划伤　　(C)中度划伤　　(D)轻度划伤

157. ( )不是工艺规程的主要内容。

(A)车间管理条例　　　　　　　(B)加工零件的工艺路线

(C)采用的设备及工艺装备　　　(D)毛坯的材料、种类及外形尺寸

158. 确定加工顺序和工序内容、加工方法、划分加工阶段,安排热处理、检验及其他辅助工序时( )的主要工作。

(A)拟定工艺路线　　　　　　　(B)拟定加工工艺

(C)填写工艺文件　　　　　　　(D)审批工艺文件

159. 精细等离子切割机切割时下列哪个不属于工作气体( )。

(A)氮气　　　　(B)氩气　　　　(C)氧气　　　　(D)一氧化碳

160. 企业的质量方针不是(　　)。

(A)工艺规程的质量记录　　　　　　(B)每个职工必须贯彻的质量准则

(C)企业的质量宗旨　　　　　　　　(D)企业的质量方向

161. 含碳量在(　　)之间的碳素钢切削加工性较好。

(A)15%～0.25%　(B)0.2%～0.35%　(C)0.35%～0.45%　(D)0.4%～0.55%

162. 识读装配图的要求是了解装配图的名称、用途、性能、结构和(　　)。

(A)工作原理　　　(B)精度等级　　　(C)工作性质　　　(D)配合性质

163. 氧乙炔火焰的气体选择乙炔,切割效率(　　),质量较好,但是成本较高。

(A)最高　　　　　(B)较高　　　　　(C)一般　　　　　(D)较低

164. 以下哪种材质是不锈钢(　　)。

(A)Q235　　　　　(B)S355　　　　　(C)SUS301L～DLT　(D)09CuPCrNi

165. 以下哪一项(　　)不属于工艺准备。

(A)原材料检查　　　　　　　　　　(B)拷贝程序

(C)相关技术文件查看　　　　　　　(D)打扫场地

166. 高压水切割的工艺准备包括以下哪一项(　　)。

(A)根据图纸和相关技术文件选用合适的割嘴型号

(B)穿戴工作服

(C)佩戴上岗证

(D)填写设备交接记录

167. 氧乙炔火焰切割的割嘴距离加工表面一般为(　　)cm。

(A)1～4　　　　　(B)2～6　　　　　(C)3～5　　　　　(D)5～9

168. 高压水切割切割铝板时,不可以采用(　　)上料方式。

(A)人工上料　　　(B)吸盘上料　　　(C)天车吊运　　　(D)悬臂吊运

169. 以下哪项(　　)是碳钢材质。

(A)S355J2＋N　　(B)5083-H111　　(C)6082-T6　　　(D)06Cr19Ni10

170. 原材料的那种缺陷可以修复(　　)。

(A)表面存在大面积腐蚀坑　　　　　(B)板材沿一个方向呈波浪纹翘曲

(C)表面存在深度划伤　　　　　　　(D)以上均不可

171. 对零件图进行工艺分析时,除了对零件的结构和关键技术问题进行分析外,还应对零件的(　　)进行分析。

(A)基准　　　　　(B)精度　　　　　(C)技术要求　　　(D)精度和技术要求

172. 激光切割机的割嘴可以与(　　)的割嘴通用。

(A)高压水切割机　　　　　　　　　(B)精细等离子机

(C)氧乙炔火焰切割机　　　　　　　(D)以上均不对

173. 以下哪项(　　)是铝合金材质。

(A)S500　　　　　(B)Q235B　　　　(C)5083-H111　　(D)S355J2＋N

174. 工艺准备阶段检查来料时发现板材沿长度方向翘曲,平面度超差,应(　　)。

(A)忽略,直接加工

(B)增加板材校平工序,校平达标后可继续加工

(D)将板材报废

175. 激光切割工艺规程包括以下( )。

(A)切割原理　　　(B)加工范围　　　(C)检查标准　　　(D)以上都是

176. 高压水切割工艺规程包括以下( )。

(A)产品用途　　　(B)人员资质　　　(C)产品型号　　　(D)以上都是

177. 检查原材料包括原材料( )。

(A)供应商　　　(B)生产日期　　　(C)炉号　　　(D)保质期

178. 涂了防锈漆的碳钢板( )和不锈钢钢板存放在一起。

(A)不可以　　　　　　　　　　　　(B)可以

(C)需要用非金属隔开　　　　　　　(D)需要用钢板隔开

179. 工艺规程中规定人员资质为高级数控操作工及以上,以下哪些人员有资质操作( )。

(A)高级剪冲工　　　　　　　　　　(B)中级数控操作工

(C)技师级数控操作工　　　　　　　(D)高级机车车辆铆工

180. 高压水切割最小孔直径为( )。

(A)1 倍板厚　　　(B)2 倍板厚　　　(C)3 倍板厚　　　(D)4 倍板厚

181. 数控激光切割机在加工表面件时,需要在工艺准备阶段准备好( ),以保证切割后的料件之间无划伤。

(A)海绵　　　(B)薄纸　　　(C)木方　　　(D)以上均可

182. 一台数控激光切割机的工作台面为 2 000 mm×4 000 mm,以下哪种规格的钢板可以在这台机床上切割( )。

(A)50×1 250×2 500　　　　　　　(B)5×2 000×4 000

(C)3×1 219×6 000　　　　　　　　(D)3×3 000×3 000

183. 表面结构对零件使用性能的影响不包括( )。

(A)对配合性质的影响　　　　　　　(B)对魔法、磨损的影响

(C)对零件抗腐蚀性的影响　　　　　(D)对零件塑性的影响

184. 表面结构符号长边的方向与另一条短边相比( )。

(A)总处于顺时针方向　　　　　　　(B)总处于逆时针方向

(C)可处于任何方向　　　　　　　　(D)总处于右方

185. 不锈钢 1Cr18Ni9 的平均含铬量为( )%。

(A)18　　　(B)1.8　　　(C)0.18　　　(D)0.018

186. 当零件所有表面具有相同的表面结构要求时,可在图样的( )标注。

(A)左上角　　　(B)任何地方　　　(C)空白处　　　(D)右上角

187. 金属材料下列参数中,( )不属于力学性能。

(A)强度　　　(B)塑性　　　(C)冲击韧性　　　(D)热膨胀性

188. 对于配合性质要求高的表面,应取较小的表面结构参数值,其主要理由是( )。

(A)使零件表面有较好的外观

(B)保证间隙配合的稳定性或过盈配合的连接强度

(C)便于零件的装卸　　　　　　　　　(D)提高加工的经济性能

189. 排料加工有助于提高(　　)。

(A)材料的利用率　(B)工作热情　　　(C)切割质量　　　(D)操作安全

190. 国标中规定的几种图纸幅面中,幅面最小的是(　　)。

(A)A0　　　　　　(B)A4　　　　　　(C)A2　　　　　(D)A3

三、多项选择题

1. 以下特点属于激光切割的是(　　)。

(A)切割质量好　　　　　　　　　　　(B)切割效率高、节省材料

(C)具有广泛的适应性和灵活性　　　　(D)环境友好型加工

2. 以下几种切割方法中,可以用于三维切割的有(　　)。

(A)激光切割　　(B)高压水切割　　　(C)等离子切割　　(D)火焰切割

3. 以下几种切割方法中,适用材料范围较广的有(　　)。

(A)激光切割　　(B)高压水切割　　　(C)等离子切割　　(D)火焰切割

4. 以下内容属于影响激光切割质量工艺参数的是(　　)。

(A)切割速度　　(B)输出功率　　　　(C)板厚　　　　　(D)材料的种类

5. 以下文字在激光切割时会出现孤岛分离现象的有(　　)。

(A)中　　　　　(B)文　　　　　　　(C)公　　　　　(D)司

6. 以下字母在激光切割时会出现孤岛分离现象的有(　　)。

(A)W　　　　　(B)E　　　　　　　(C)R　　　　　(D)O

7. 关于激光切割以下说法正确的是(　　)。

(A)复杂图案排版时应设置为由内向外切割

(B)复杂图案也可在切割过程中拆分为多个非封闭的图形

(C)对于切割文字时产生的孤岛分离现象不用理会

(D)以上说法均正确

8. 关于激光切割以下说话正确的是(　　)。

(A)切割起始孔可以设置在零件的切割轮廓上

(B)切割起始孔可以设置在零件的加工区域内

(C)切割起始孔可以设置在零件的加工区域外

(D)以上说话都对

9. 关于激光切割以下说法错误的是(　　)。

(A)零件轮廓以外的切割路径统称为辅助切割路径

(B)切割起始孔的合理设置对于零件的切割质量有很重要的影响

(C)激光光斑直径很小,在精密切割时不需要对其进行半径补偿

(D)激光切割时,零件与零件之间的过渡称为空行程,空行程不用避开已切割掉的板材空洞

10. 以下说法属于影响激光切割软件因素的有(　　)。

(A)加工材料　　　　　　　　　　　　(B)切割起始孔位置的选择

(C)板材优化排版　　　　　　　　　(D)空行程的处理

11. 在激光切割接近轮廓尖角部位时,及时降低(　　),使热量均匀分布在零件轮廓上,从而提高加工质量。

(A)激光功率　　(B)焦点距离　　　　(C)切割速度　　　　　(D)辅助气体压力

12. 关于激光切割,以下说法正确的是(　　)。

(A)零件在板材上的排放方式将影响材料利用率和生产周期

(B)为了提高板材的利用率,排版经常采用套排的形式

(C)引入、引出线的设置是为了使激光束稳定,避开"引弧孔"对整个零件轮廓切割的影响

(D)切割速度对热影响区大小影响不大,随着切割速度增加,切缝顶部热影响区减小,到切缝底部则出现最小值

13. 以下关于高压水切割优点说法正确的是(　　)。

(A)激光切割产生热影响区对工件不利,高压水切割产生的热影响区非常小

(B)高压水切割速度比线切割速度快

(C)铣削的加工方法产生很多废屑,高压水切割不产生废屑

(D)能切割易燃易爆材料

14. 以下关于高压水切割加工问题说法正确的是(　　)。

(A)喷嘴的成本较便宜　　　　　　　(B)喷嘴使用寿命需要进一步提高

(C)切割速度需要进一步提高　　　　(D)切割精度需要进一步提高

15. 在高压水切割中,以下可能造成切割面倾斜角大的原因有(　　)。

(A)切割速度过快　　　　　　　　　(B)水压力低

(C)喷嘴高度偏小　　　　　　　　　(D)磨料供给量小

16. 在高压水切割中,水压力低可能造成以下(　　)缺陷。

(A)产生缺口　　(B)切割面粗糙　　　(C)切口上缘呈圆角　　(D)切割面倾斜角大

17. 高压水切割中,以下操作可能改善切割面粗糙情况的有(　　)。

(A)减小切割速度　　　　　　　　　(B)减小磨料供给量

(C)提高水压　　　　　　　　　　　(D)减小喷嘴直径

18. 高压水切割磨料不流动,可能是以下(　　)原因造成。

(A)磨料输送管过长　　　　　　　　(B)喷嘴磨损

(C)磨料供给量过多　　　　　　　　(D)磨料供给系统水湿

19. 等离子切割钨极烧损严重,可能是以下(　　)原因造成。

(A)工作气体纯度不高　　　　　　　(B)钨极头部太尖

(C)电流密度太大　　　　　　　　　(D)气体流量太大

20. 等离子切割过程中,出现割不透现象,可能是以下(　　)原因造成。

(A)等离子弧功率不够　　　　　　　(B)气体流量太小

(C)切割速度太快　　　　　　　　　(D)喷嘴高度过小

21. 在等离子切割中,如果喷嘴高度过大,可能造成以下(　　)故障或缺陷。

(A)割不透　　(B)断弧　　　　　　(C)产生"双弧"　　　(D)切口太宽

22. 工作气体在等离子切割中很重要,如果工作气体纯度不符合要求,纯度不高,可能导致(　　)。

(A)喷嘴使用寿命过短　　　　　　　　　(B)割不透

(C)断弧　　　　　　　　　　　　　　　(D)喷嘴烧损

23. 在等离子切割中,钨极烧损严重,可能是由电流密度太大造成,可以使用以下(　　　)方法改进。

(A)增加钨极更换频率　　　　　　　　　(B)用更好更贵的钨极

(C)改用直径大一些的钨极　　　　　　　(D)减小电流

24. 以下属于等离子切割常用气体的有(　　　)。

(A)压缩空气　　　(B)水蒸气　　　　　(C)N_2　　　　　　(D)Ar

25. 预热火焰在火焰切割中非常重要,如果预热火焰太强,会造成以下(　　　)缺陷。

(A)上边缘塌边　　　　　　　　　　　　(B)上边缘呈现房檐状

(C)下边缘有挂渣　　　　　　　　　　　(D)割缝从上向下收缩

26. 火焰切割面出现缺口,可能是以下(　　　)原因造成。

(A)切割氧压力过高　　　　　　　　　　(B)切割中断,重新起切衔接不好

(C)切割机行走不稳　　　　　　　　　　(D)割嘴选用不当

27. 火焰切割断面呈现出大的波纹形状,可能是由于(　　　)。

(A)切割速度太快　　　　　　　　　　　(B)切割速度太慢

(C)切割氧压力太高　　　　　　　　　　(D)切割氧压力太低

28. 火焰切割切口垂直方向出现角度偏差,出现斜角,可能是以下(　　　)情况造成。

(A)工件放置不平,与割炬不垂直　　　　(B)风线不正

(C)切割速度过快　　　　　　　　　　　(D)切割氧压力过高

29. 火焰切割断面后拖量过大,可能是由于(　　　)。

(A)切割速度过慢　　　　　　　　　　　(B)切割速度过快

(C)使用的割嘴太小　　　　　　　　　　(D)割嘴与工件高度太大

30. 以下气体可用作火焰切割气体的是(　　　)。

(A)乙炔　　　　　(B)天然气　　　　　(C)煤气　　　　　　(D)丙烷

31. 数控机床按控制运动的轨迹特点分类,分为(　　　)。

(A)点位控制数控机床　　　　　　　　　(B)直线控制数控机床

(C)半闭环控制的数控机床　　　　　　　(D)轮廓控制数控机床

32. 在一个加工程序中可以混合使用(　　　)这两种坐标表示法编程。

(A)相对坐标　　　(B)绝对坐标　　　　(C)笛卡尔坐标　　　(D)直角坐标

33. 数控机床按工艺方法分类,分为(　　　)。

(A)金属切削类数控机床　　　　　　　　(B)金属成型类数控机床

(C)特种加工类数控机床　　　　　　　　(D)直线控制数控机床

34. 数控机床按驱动方式分类,分为(　　　)。

(A)交流式　　　　(B)直流伺服　　　　(C)交流伺服　　　　(D)步进式

35. CNC 系统由(　　　)组成。

(A)数控装置　　　(B)伺服系统　　　　(C)操作系统　　　　(D)系统程序

36. 在工件坐标系内编程可以(　　　)。

(A)简化坐标计算　(B)减少错误　　　　(C)缩短程序长度　　(D)改变机床坐标

37. 数控机床按伺服系统分类,分为(　　　)。

(A)开环控制的数控机床　　　　　　　(B)全闭环控制的数控机床

(C)半闭环控制的数控机床

38. 插补的方式有(　　　)等。

(A)直线插补　　　(B)圆弧插补　　　　(C)抛物线插补　　　(D)样条线插补

39. 采用自动编程方法(　　　)等优点。

(A)效率高　　　(B)可靠性好　　　　(C)程序正确率高　　　(D)程序不稳定

40. 程序段格式是指一个程序段(　　　)的书写规则。

(A)字　　　(B)字符　　　　(C)数据　　　(D)程序

41. 刀具位置补偿可分为刀具(　　　)补偿和刀具(　　　)补偿两种,需分别加以设定。

(A)强度　　　(B)几何形状　　　　(C)磨损　　　(D)损坏

42. 刀具半径补偿类型有(　　　)两种方式。

(A)前补偿　　　(B)后补偿　　　　(C)左补偿　　　(D)右补偿

43. 刀具补偿功能包括刀具(　　　)等刀具补偿功能。

(A)半径补偿　　　(B)夹角补偿　　　　(C)长度补偿　　　(D)破损补偿

44. 圆弧插补指令为(　　　)。

(A)G00　　　(B) G01　　　　(C) G02　　　(D) G03

45. 子程序必须在主程序结束指令(　　　)建立,其作用相当于一个(　　　)。

(A)前　　　(B)后　　　　(C)固定循环　　　(D)可变循环

46. 子程序由(　　　)组成。

(A)程序调用字　　　(B)子程序号　　　　(C)程序条数　　　(D)调用次数

47. 下面是计算机软件的有(　　　)。

(A)操作系统　　　(B)office　　　　(C)Photoshop　　　(D)CAD

48. 数控机床与普通机床相比,优点是(　　　)。

(A)加工精度高　　　(B)生产率高　　　　(C)改善劳动条件　　　(D)价格便宜

49. 编程时使用刀具补偿具有以下优点,其中正确的是(　　　)。

(A)计算方便　　　(B)编制程序简单　　　　(C)便于修正尺寸　　　(D)便于测量

50. 下列指令是固定循环指令的是(　　　)。

(A)G81　　　(B)G84　　　　(C)G71　　　(D)G83

51. 下列程序段号表述错误的是(　　　)。

(A) N0001　　　(B)N001　　　　(C)00001　　　(D)P0001

52. 伺服系统对执行元件的要求是(　　　)。

(A)惯性小、动量大　　　　　　　　　(B)体积小、质量轻

(C)便于计算机控制　　　　　　　　　(D)成本低、可靠性好、便于安装与维护

53. 光栅尺位移传感器经常应用于机床与现在加工中心以及测量仪器等方面,可用作(　　　)或者(　　　)的检测。

(A)直线位移　　　(B)弯曲位移　　　　(C)角度位移　　　(D)弧度位移

54. 光栅尺位移传感器按照制造方法和光学原理的不同,分为(　　　)和(　　　)。

(A)透射光栅　　　(B)折射光栅　　　　(C)散射光栅　　　(D)反射光栅

55. 数控机床常见的传感器有（   ）等。

(A)温度传感器　　(B)位移传感器　　　　(C)压力传感器　　　　(D)速度传感

56. 下列说法错误的是（   ）。

(A)执行 M01 指令后，所有存在的模态信息保存不变

(B)执行 M01 指令后，所有存在的模态信息可能发生变化

(C)执行 M01 指令后，以前存在的模态信息必须重新定义

(D)执行 M01 指令后，所有存在的模态信息肯定发生变化

57. 数控机床总的发展趋势是（   ）方便使用、提高可靠性等特点。

(A)减小体积　　(B)高速　　　　　　(C)高效　　　　　　(D)工序集中

58. 对主轴运动进行控制的指令是（   ）。

(A)M06　　　　(B)M05　　　　　　(C)M04　　　　　　(D)M03

59. 数控装置不包括（   ）。

(A)信息输入输出和处理装置　　　　　(B)步进电机和驱动装置

(C)位置检测与反馈装置　　　　　　　(D)机床本体

60. 计算机硬件包括（   ）等。

(A)CPU　　　　(B)内存　　　　　　(C)主板　　　　　　(D)存储器

61. 目前工控机的主要类别有 IPC(PC 总线工业电脑)、（   ）等。

(A)PLC(可编程控制系统)　　　　　　(B)DCS(分散型控制系统)

(C)FCS(现场总线系统)　　　　　　　(D)CNC(数控系统)

62. 数控机床的四大组成部分是 PLC 及 I/O 接口、（   ）、伺服驱动装置。

(A)控制介质　　(B)数控装置　　　　(C)数控程序　　　　(D)机床本体

63. 可编程控制器而且具有体积小（   ）等特点。

(A)组装维护方便 (B)编程简单　　　　(C)可靠性高　　　　(D)抗干扰能力强

64. 工控机具有多任务和多线程性（   ）等特性。

(A)开放性　　　(B)实时性　　　　　(C)网络集成化　　　(D)人机界面更加友好

65. 传感器的特点包括微型化、数字化、（   ）等特点。

(A)智能化　　　(B)多功能化　　　　(C)系统化　　　　　(D)网络化

66. 数控机床综合了（   ）等方面的技术成果。

(A)电子计算机　　　　　　　　　　　(B)自动控制

(C)伺服系统　　　　　　　　　　　　(D)精密检测与新型机械结构

67. 传感器按用途分类分为（   ）等。

(A)位置传感器　(B)液位传感器　　　(C)能耗传感器　　　(D)智能传感器

68. 传感器按输出信号为标准分类分为（   ）。

(A)模拟传感器　(B)智能传感器　　　(C)数字传感器　　　(D)开关传感器

69. 取消刀具补偿的指令是（   ）。

(A)G40　　　　(B)G81　　　　　　(C)G50　　　　　　(D)G49

70. 螺纹可分为（   ）。

(A)公制螺纹　　(B)英制螺纹　　　　(C)管螺纹　　　　　(D)径节制螺纹

71. 键连接可分为（   ）。

(A)普通平键连接 (B)半圆键连接　　(C)花键连接　　　　(D)斜键连接

72. 当可编程序控制器正常运行时,程序出错指示灯亮的可能原因是( )。

(A)电池电压不足　　　　　　　　(B)环境脏

(C)屏蔽效果不好,受外信号干扰　　(D)电网浪涌电压干扰

73. 带传动的种类有( )。

(A)平带　　　　(B)V 带　　　　(C)同步带　　　　(D)多楔带

74. 下面说法正确的是( )。

(A)电磁阀用字母 YM 表示　　　　(B)电容器用字母 C 表示

(C)指示灯用字母 HL 表示　　　　(D)压力控制开关用字母 SP 表示

75. 不产生丢转的传动机构是( )。

(A)带传动　　　(B)齿轮传动　　(C)链传动　　　　(D)摩擦传动

76. 常用的机械传动包括( )。

(A)齿轮传动　　(B)涡轮蜗杆传动　(C)带传动　　　　(D)链传动

77. 渐开线齿轮传动包括( )。

(A)直齿轮传动　(B)斜齿轮传动　　(C)圆锥齿轮传动　(D)涡轮蜗杆传动

78. 不能用于定速比传动的机构是( )。

(A)直齿轮传动　(B)摩擦传动　　(C)斜齿轮传动　　(D)带传动

79. 常用的连接方式是( )。

(A)键连接　　　(B)螺纹连接　　(C)销连接　　　　(D)铆接

80. 下列不易传递大扭矩的连接方式是( )。

(A)键连接　　　(B)螺纹连接　　(C)销连接　　　　(D)黏接

81. 由于液压油中含有金属颗粒而造成过度磨损的信号包括:( )。

(A)液压系统过热运行　　　　　　(B)行程不均

(C)增压装置能力突然下降　　　　(D)噪声

82. 机床照明灯应选( )V 电压供电。

(A)220　　　　(B)110　　　　(C)36　　　　　(D)24

83. 我国标准圆柱齿轮的基本参数是( )。

(A)齿数　　　　(B)齿距　　　　(C)模数　　　　　(D)压力角

84. 万用表一般可测量( )。

(A)交流电压　　(B)电阻　　　　(C)直流电压　　　(D)电流

85. 常用固体润滑剂有( )。

(A)润滑脂　　　(B)石墨　　　　(C)二硫化钼　　　(D)聚四氟乙烯

86. 符合熔断器选择原则的是( )。

(A)根据使用环境选择类型　　　　(B)根据负载性质选择类型

(C)根据线路电压选择其额定电压　(D)分段能力应小于最大短路电流

87. 电流对人体的伤害程度与( )有关。

(A)通过人体电流的大小　　　　　(B)通过人体电流的时间

(C)电流通过人体的部位　　　　　(D)触电者的性格

88. 影响激光切割机切割质量的因素有( )。

(A)切割速度 　　　　　　　　　　(B)切割气体压力

(C)激光输出功率 　　　　　　　　(D)焦点位置的高低

89. 对于除尘系统应定期清理(　　　)。

(A)水箱 　　　　(B)集尘箱 　　　　(C)过滤器 　　　　(D)导轨

90. 下面的哪些是精细等离子切割机的割炬体零部件(　　　)。

(A)电极 　　　　(B)割嘴 　　　　(C)轴承 　　　　(D)护帽

91. 下面的元件属于通快激光切割机光学部件的是(　　　)。

(A)相位转换器 　(B)转向反射镜 　(C)自动聚焦反光镜 　(D)玻璃平面镜

92. 下列哪种检测元件,属于位置检测元件(　　　)。

(A)测速发电机 　(B)旋转变压器 　(C)编码器 　　　　(D)光栅尺

93. 采用备件置换法来维修机床时,要注意印刷电路板上(　　　)的设定位置。

(A)短路棒 　　　(B)预设开关 　　(C)电位器 　　　　(D)线路

94. 以下关于数控机床电动机不转的原因诊断,正确的是(　　　)。

(A)电动机与位置检测器连接故障 　(B)电动机的永久磁体脱落

(C)伺服系统中制动装置失灵 　　　(D)电动机损坏

95. 以下关于数控机床常用的维修方法正确的是(　　　)。

(A)功能程序测试法 　　　　　　　(B)参数检查法

(C)整体升温法 　　　　　　　　　(D)自诊断功能法

96. 机械传动装置中,(　　　)属于危险的机械部件。

(A)转轴 　　　　　　　　　　　　(B)运动部件上的凸出物

(C)蜗杆 　　　　　　　　　　　　(D)防护门

97. 下面那些是造成数控系统不能接通电源的原因(　　　)。

(A)RS232 接口损坏 　　　　　　　(B)交流电源无输入或熔断丝烧损

(C)直流电压电路负载短路 　　　　(D)电源输入单元烧损或开关接触不好

98. 当紧急停止后,以下(　　　)为正确的说法。

(A)油压系统停止 (B)CRT 荧幕不显示 (C)轴向停止 　　(D)气动系统停止

99. 下面哪些分类方式属于数控机床的分类方式(　　　)。

(A)按运动方式分类 　　　　　　　(B)按用途分类

(C)按坐标轴分类 　　　　　　　　(D)按主轴在空间的位置分类

100. 激光切削气体的消耗量取决于(　　　)。

(A)射口直径 　　(B)气瓶容量 　　(C)切削气压 　　　(D)激光切削时间

101. 下面哪些属于通快激光切割机切削头的元件(　　　)。

(A)调整防护件 　(B)螺栓 　　　　(C)黄铜环 　　　　(D)夹套

102. 以下关于数控机床运动失控的可能原因分析,哪些是正确的(　　　)。

(A)检测器故障或检测信号线故障 　(B)电动机与位置检测器连接故障

(C)主板或伺服单元板故障 　　　　(D)电动机尾部测速发电机卡电刷接触不良

103. 对于型号为 TruLaser 3040 的通快激光切割机工作范围说法正确的是(　　　)。

(A)X 向工作范围 3 000 mm 　　　(B)X 向工作范围 4 000 mm

(C)Y 向工作范围 2 500 mm 　　　(D)Y 向工作范围 2 000 mm

104. 通快激光切割机有几种激光运行方式(   )。

(A)CW   (B)脉冲波 F   (C)脉冲波 T   (D)脉冲波 H

105. 通快激光切割机高频发生器的那些部件上会出现高压危险(   )。

(A)谐振器中的适配网络   (B)放点间隙的点火助件

(C)放电间隙的电极(已去除屏蔽群)   (D)高频发生器的配电箱

106. 气缸按使用和安装方式可分为(   )。

(A)固定式   (B)摇摆式   (C)回转式   (D)移动式

107. 下面属于工作机械电气控制线路的有(   )。

(A)动力电路   (B)控制电路   (C)信号电路   (D)保护电路

108. 金属导体的电阻与(   )有关。

(A)导线的长度   (B)导线的横截面积   (C)外加电压   (D)温度

109. 千分尺的工作原理是从(   )的相对运动而来。

(A)螺杆   (B)副尺   (C)主尺   (D)螺母

110. 一工件长度尺寸的真值为 $L_0 = 20$ mm,测量时,所允许的测量误差为 $\Delta L = 0.5$ mm。以下测得值在公差范围内的是(   )mm。

(A)19.25   (B)19.75   (C)20.25   (D)20.5

111. 在万能游标量角器中,(   )连成一体。

(A)扇形板   (B)可移动直尺   (C)游标   (D)支架

112. 测量误差是(   )之差。

(A)平均结果   (B)被测量真值   (C)计算结果   (D)测量结果

113. 外径千分尺是通过测微螺旋副来测定零件尺寸的,可以用来测量零件的(   )的。

(A)厚度   (B)外径   (C)宽度   (D)长度

114. 位置误差包括(   )三种。

(A)定向误差   (B)定位误差   (C)跳动   (D)定置误差

115. 对于公差,以下叙述不正确的是(   )。

(A)公差只能大于零,故公差值前应标"+"号

(B)公差不能为负值,但可为零值

(C)公差只能大于零,公差没有正、负的含义,故公差值前面不应该标"+"号

(D)公差可能有负值,故公差值前面应标"+"和"~"号

116. 万能游标量角器又称角度规,适用于各种(   )。

(A)划线的工具   (B)角度测量   (C)加工角度样板   (D)划线的量具

117. 测量时由于受(   )的限制,不可避免地会产生误差。

(A)测量条件   (B)测量步骤   (C)测量方法   (D)测量工具

118. 游标卡尺的读数部分由(   )组成。

(A)尺框   (B) 主尺   (C) 副尺   (D) 量爪

119. 万能游标量角器的测量精度为(   )。

(A)8′   (B)5′   (C)6′   (D)2′

120. 常用的游标卡尺读数值为(   )三种。

(A)0.02 mm   (B) 0.05 mm   (C)0.20 mm   (D)0.10 mm

121. 量具应实行定期(　　)。

(A)鉴定　　　　(B) 清洗　　　　　　(C)保养　　　　　(D)除油

122. 千分尺的测量范围分(　　)mm 等。

(A)0～25　　　(B)20～50　　　　(C)50～75　　　　(D)50～100

123. 质量检查的依据有(　　)和有关技术文件或协议。

(A)产品图纸　　(B)工艺文件　　　(C)国家或行业标准　(D)经验数据

124. 在量具量仪的选用原则中,计量器具的等级在满足精度要求条件下,应尽量选用(　　)的计量器具。

(A)成本高　　　(B)成本低　　　　(C)高精度　　　　(D)耐用

125. 质量的基本单位 kg =(　　)。

(A)1 000 g　　 (B) 1 000 mg　　 (C) 100 g　　　　 (D) 0.001 t

126. 最常用的长度测量器具有(　　)。

(A)游标卡尺　　(B)千分尺　　　　(C)游标量角器　　(D)钢直尺

127. 三视图的关系是(　　)。

(A)长对正　　　(B)高平齐　　　　(C)宽相等　　　　(D)上下对齐

128. 尺寸标注三要素:(　　)。

(A)尺寸数字　　(B)尺寸线　　　　(C)标准基准　　　(D)尺寸界线

129. Ra 数值越小,零件表面就越(　　)。

(A)粗糙　　　　(B)光滑　　　　　(C) 平整　　　　　(D) 圆滑

130. 识读装配图的方法之一是,从标题栏和明细表中了解部件的(　　)。

(A)比例　　　　(B)组成部分　　　(C)名称　　　　　(D)尺寸

131. 有关"表面结构",下列说法不正确的是(　　)。

(A)是指加工表面上所具有的较小间距和峰谷所组成的微观几何形状特性

(B)表面结构不会影响到机器的工作可靠性和使用寿命

(C)表面结构实质上是一种微观的几何形状误差

(D)一般是零件切割过程中,由于机床的振动引起的。

132. 主视图的选择,通常是从(　　)考虑。

(A) 零件的形状特征　　　　　　(B) 零件的加工位置

(C) 零件在部件中的位置　　　　(D) 是否美观

133. 根据剖面图在绘制时所配置的位置不同,分为(　　)。

(A)重合剖面　　(B)半剖面　　　　(C)全剖面　　　　(D) 移出剖面

134. 装配图的特殊画法有(　　)。

(A)假想画法　　(B)展开画法　　　(C)局部视图画法　(D)简化画法

135. 粗实线在机械制图中一般应用于(　　)。

(A)可见棱边线　(B)可见轮廓线　　(C)剖切符号用线　(D)相贯线

136. 细双点划线在机械制图中一般应用于(　　)。

(A)相邻辅助零件的轮廓线　　　　(B)轴线

(C)成形前坯料的轮廓线　　　　　(D)中断线

137. 双折线在机械制图中一般应用于(　　)。

(A)相邻辅助零件的轮廓线　　　　　　　(B)断裂处的边界线

(C)视图与剖视图的分界线　　　　　　　(D)中断线

138. 在零件图的标题栏中,可以查看到图样的(　　)等信息。

(A)版本号　　　　(B)设计者　　　　　　(C)批准者　　　　　　(D)更改记录

139. 剖视图按剖切面的不同可分为(　　)。

(A)阶梯剖视图　　(B)旋转剖视图　　　　(C)复合剖视图　　　　(D)全剖视图

140. 最常用的轴测投影法有(　　)。

(A)正等测　　　　(B)斜等测　　　　　　(C)正二测　　　　　　(D)斜二测

141. 在机械制图尺寸标注中,图形的(　　)也可作为尺寸界线。

(A)剖切位置线　　(B)对称中心线　　　　(C)轮廓线　　　　　　(D)轴线

142. 完整的焊缝表示方法除了基本符号、辅助符号、补充符号以外,还包括(　　)。

(A)指引线　　　　(B)焊接方法符号　　　(C)尺寸符号及数据　　(D)焊缝强度要求

143. 表示焊缝表面形状特征的辅助符号主要有(　　)。

(A)凹面符号　　　(B)平面符号　　　　　(C)曲面符号　　　　　(D)凸面符号

144. 表面结构符号、代号一般注在(　　)或它们的延长线上。

(A)可见轮廓线　　(B)引出线　　　　　　(C)尺寸界线　　　　　(D)轴线

145. 标注在(　　)或它们的延长线上的表面结构符号的尖端必须从材料外指向表面。

(A)引出线　　　　(B)可见轮廓线　　　　(C)尺寸线　　　　　　(D)尺寸界线

146. 装配图一般有四个方面的内容,即(　　)、零件序号、明细表和标题栏。

(A)文字说明　　　(B)一组视图　　　　　(C)必要的尺寸　　　　(D)技术要求

147. 读装配图时,通过对明细表的识读可知零件的(　　)等。

(A)尺寸精度　　　(B)名称和数量　　　(C)种类

(D)形位精度　　　(E)组成情况和复杂程度

148. 工艺规程的主要内容有(　　)。

(A)毛坯的材料、种类和外形尺寸　　　　(B)零件的加工工艺路线

(C)各工序加工的内容和要求　　　　　　(D)采用的设备及工艺路线

(E)工件质量的检查项目和方法

149. 影响割嘴寿命的因素有(　　)。

(A)割嘴材料　　　(B)工件材料　　　　(C)割嘴几何角度

(D)切割用量　　　(E)切割气体　　　　(F)磨钝标准

150. 工艺参数对氧乙炔火焰切割的质量影响很大,其中切割面缺口产生的原因是(　　)。

(A)切割过程中断,重新起割衔接不好　　(B)钢板表面有厚的氧化皮、铁锈等

(C)切割机行走不平稳　　　　　　　　　(D)割嘴选用不当

(E)氧气压力过大

151. 工艺参数对氧乙炔火焰切割的质量影响很大,其中切割面下缘粘渣产生的原因是(　　)。

(A)切割速度太快或太慢　　　　　　　　(B)割嘴号太小

(C)氧气压力太低　　　　　　　　　　　(D)氧气纯度不够

152. 以下孔径(　　　)mm 可以在精细等离子切割上实现。

(A)Φ30　　　　(B)Φ35　　　　　(C)Φ45

(D)Φ60　　　　(E)Φ80　　　　　(F)Φ90

153. 割嘴孔径大小对(　　　)有关键性的影响。

(A)穿孔质量　　(B)切割质量　　　(C)气体流量　　　(D)切割速度

154. 识读展开图时可以获取的信息有(　　　)。

(A)图号　　　　　　　　　　(B)展开图版本

(C)材质　　　　　　　　　　(D)一组表达展开零件形状的图形

155. 常见激光割嘴型号有(　　　)。

(A)0.8　　　　(B)1.0　　　　　(C)1.2　　　　(D)1.4

(E)1.7　　　　(F)2.0　　　　　(G)3.0

156. 常见高压水切割割嘴型号有(　　　)。

(A)2.0　　　　(B)3.0　　　　　(C)4.0　　　　(D)5.0

157. 一张展开图的版本可以与它的零件图版本(　　　)。

(A)相同　　　　(B)高　　　　　(C)低　　　　(D)没关系

158. 以下哪项属于防止混料的合理措施(　　　)。

(A)在料件表面标记生产日期

(B)原材料存放区划分不同材质板材的堆放区域

(C)只接受未开封的整包板材

(D)收料时核对板材的材质、规格、炉号

159. 影响材料利用率的因素有(　　　)。

(A)板材的定尺规格　　　　　(B)排料的合理性、紧凑性

(C)切割速度　　　　　　　　(D)切割参数

160. 数控切割机床的操作者须能够熟练的识读(　　　)。

(A)总组成图纸　　(B)机加工艺图　　(C)展开图　　　(D)零件图

161. 以下哪几种材料板材适合使用数控氧乙炔火焰切割(　　　)。

(A)10 mm 碳钢　　(B)10 mm 不锈钢　　(C)30 mm 碳钢

(D)40 mm 碳钢　　(E)50 mm 铝合金

162. 激光切割机割嘴的作用(　　　)。

(A)防止溶质等杂物往上反弹进入聚焦镜片

(B)节省辅助气体

(C)增大割缝

(D)割嘴可控制气体扩散面积的大小,影响切割质量。

163. 数控激光切割机在开始执行切割命令前,根据板厚需要更换激光头,常见的激光头尺寸为(　　　)。

(A)5 英寸　　　(B)7.5 英寸　　　(C)5 寸

(D)7.5 寸　　　(E)10 英寸　　　(F)12 寸

164. 工艺规程包括(　　　)。

(A)加工范围　　(B)人员资质　　　(C)适用范围　　　(D)检查标准

165. 编制工艺规程应该注意（   ）。

(A)技术上的先进性 　　　　　　　　　(B)经济上的合理性

(C)有良好的劳动条件 　　　　　　　　(D)以上都不是

166. 精细等离子切割机的工作场地应该配备（   ）。

(A)技术文件存放箱 　　　　　　　　　(B)工具箱

(C)除尘系统 　　　　　　　　　　　　(D)吸烟区

167. 数控激光切割机可切割（   ）材料。

(A)涂层材料 　　(B)带膜不锈钢 　　(C)镀锌板 　　(D)胶合板

168. 常见原材料缺陷包括（   ）。

(A)表面划伤 　　(B)表面磕碰伤 　　(C)麻点 　　(D)平面度超差

169. 数控切割机床的加工特点（   ）。

(A)加工精度高 　　　　　　　　　　　(B)劳动强度低

(C)对零件加工适应性强 　　　　　　　(D)加工成本低

170. 识读装配图时，可从图纸中获取（   ）。

(A)零件图 　　(B)标题栏 　　(C)明细表 　　(D)技术要求

171. 下列关于局部视图说法中正确的是（   ）。

(A)局部放大图可画成视图

(B)局部放大图应尽量配置在被放大部位的附近

(C)局部放大图与被放大部分的表达方式有关

(D)绘制局部放大图时，应用细实线圈出被放大的部分

172. 装配图中标注的尺寸包括（   ）等。

(A)规格尺寸 　　(B)装配尺寸 　　(C)安装尺寸 　　(D)总体尺寸

173. 轨道交通行业中，常用的铝板牌号系列为（   ）。

(A)5000 系列 　　(B)6000 系列 　　(C)7000 系列 　　(D)8000 系列

174. 格栅被大量熔渣覆盖，会直接影响（   ）。

(A)切割断面 　　(B)毛刺 　　(C)割嘴寿命 　　(D)切割速度

175. 精细等离子切割机切割后的件测量尺寸时凸外轮廓测量（   ），孔和凹外轮廓测量
（   ）；若留有加工量时凸外轮廓测量（   ），孔和凹外轮廓测量（   ）。

(A)大尺寸 　　(B)可大可小 　　(C)小尺寸 　　(D)其他

176. 在数控氧乙炔火焰切割时如何减少反割现象（   ）。

(A)减少隔栅上的支点 　　　　　　　　(B)加大燃烧气体的供给量

(C)降低切割速度 　　　　　　　　　　(D)增大割嘴孔径

177. 激光切割时使用加工气体（   ）。

(A)氧气 　　(B)氮气 　　(C)空气 　　(D)氩气

178. 提高格激光栅使用寿命的措施有（   ）。

(A)定期清理 　　　　　　　　　　　　(B)及时清理

(C)均匀使用格栅工作区 　　　　　　　(D)减缓切割速度

179. 金属材料下列参数中，（   ）属于力学性能。

(A)强度 　　(B)塑性 　　(C)冲击韧性 　　(D)热膨胀性

180. 检查原材料不包括原材料（　　）。

(A)供应商　　　(B)生产日期　　　(C)炉号　　　(D)材质

181. 金属材料下列参数中,（　　）不属于力学性能。

(A)熔点　　　(B)密度　　　(C)硬度　　　(D)磁性

182. 操作者要根据每天生产工作票和生产工艺过程卡片里的内容,认真查看需要加工制件的（　　）等。

(A)图号　　　(B)名称　　　(C)材质　　　(D)加工数量

183. 表面结构对零件使用性能的影响包括（　　）。

(A)对配合性质的影响　　　　　(B)对零件磨损的影响

(C)对零件抗腐蚀性的影响　　　(D)对零件塑性的影响

184. 以下叙述正确的是（　　）。

(A)激光切割的起弧点在废料上　　　(B)等离子切割的起弧点在废料上

(C)氧乙炔火焰切割的起弧点在料件上　(D)高压水切割的起弧点在料件上

185. 拟定工艺路线的主要工作包括（　　）。

(A)确定加工顺序和工序内容　　　(B)加工方法

(C)划分加工阶段　　　　　　　　(D)计算原材料定额

186. 常用数控氧乙炔火焰切割的割嘴型号（　　）。

(A)5 号　　　(B)9 号　　　(C)2 号　　　(D)10 号

187. 数控火焰切割的气体选择乙炔时（　　）。

(A)切割效率高　　(B)切割质量较好　　(C)切割质量较差　　(D)成本较高

四、判 断 题

1. 激光切割比火焰切割适用材料范围更广。（　　）

2. 激光切割前期设备投资比等离子切割低。（　　）

3. 激光切割能力受被切材料的硬度影响。（　　）

4. 激光切割噪声低、振动小,对环境基本无污染,社会效益好。（　　）

5. 在相同的激光功率下,激光氧气切割的速度比激光熔化切割要快。（　　）

6. 激光切割时,随着激光功率的增加,当功率密度达到一定值后,粗糙度值将不再减少。（　　）

7. 辅助气体的类型和压力对激光切割效率和质量没有多少影响。（　　）

8. 辅助气体与激光束同轴由喷嘴喷出。（　　）

9. 激光切割喷嘴大小不影响热影响区大小。（　　）

10. 增加气体压力可以提高切割速度,但达到一个最大值后,继续增加气体压力,切割速度会下降。（　　）

11. 喷嘴与工件表面距离对切割质量无影响。（　　）

12. 通常在一定范围内切割速度可以随激光功率的增加而提高,随材料的厚度的加大而降低。（　　）

13. 高压水切割不可以用来切割加工木材、纸张等易燃材料及制品。（　　）

14. 在高压水切割中,磨料供给量过大,可能导致切口上缘呈圆角。（　　）

15. 高压水切割中磨料的流动性不良,将可能导致工件切割面倾斜角大。( )

16. 水切割的切割精度介于 0.1～0.25 mm 之间,其切割精度取决于机器的精度、切割工件的尺寸范围及切割工件的厚度和材质,通常机器的系统定位精度为 0.01～0.03 mm。( )

17. 切勿使高压水流束触及身体的任何部位,会引起严重伤害。( )

18. 高压水射流切割的起弧点应该在废料上。( )

19. 热源温度越高,加热能力一定越大。( )

20. 等离子切割与火焰切割、高压水切割一样,都属于热切割方式。( )

21. 等离子切割气体流量过小,会引起切口熔瘤,气体流量过大不会引起切口熔瘤。( )

22. 在等离子切割中,氮气用作离子气时,由于引弧性和稳弧性较差,需要有较高的空载电压,一般在 165 V 以上。( )

23. 氮气的热压缩效应比较强,携带性好,动能大,价廉易得,在等离子切割中是一种被广泛应用的切割气体。( )

24. 等离子切割使用钨极,并使用空气做工作气体时,要用双层气流等离子枪,内层气流使用 Ar、N_2 等气体保护钨极不受空气的氧化。( )

25. 火焰切割时如果采用了超出规定数值的氧气压力,并不能提高切割速度,反而使切割断面质量下降,挂渣难清,增加了切割后的加工时间和费用。( )

26. 随着火焰切割氧压力的提高,氧流量相应增加,因此能够切割板厚度随之增大。当压力增加到一定值,可切割的厚度也达到最大值,再增大压力,可切割的厚度不变。( )

27. 预热火焰是影响气割质量的重要工艺参数。( )

28. 切割速度与工件厚度、割嘴形式有关,一般随工件厚度增大而增加。( )

29. 割嘴与工件间的倾角对气割速度和后拖量产生直接影响。( )

30. 乙炔做火焰切割气体时,气体燃烧速度快,发热量大,不易回火。( )

31. 数控装置的点位控制机床属于控制装置类。( )

32. 数控机床按功能水平分类可分为:1)金属切削类;2)金属成型类;3)特种加工类。( )

33. 对于伺服进给类型,采用开环控制、步进电机进给系统为中、高挡数控机床。( )

34. 数控机床都称为加工中心。( )

35. 我们称作的 NC 系统和 CNC 系统含义是一样的。( )

36. 普通机床,也可称为 CNC 机床。( )

37. 数控机床按坐标轴分类,有两坐标、三坐标和多坐标等。他们都可以三轴联动。( )

38. 一般将信息输入、运算及控制、伺服驱动中的位置控制、PLC 及相应的系统软件和称为数控系统。( )

39. 开环伺服系统的精度优于闭环伺服系统。( )

40. 光栅属于光学元件,是一种高精度的位移传感器。( )

41. 数控的产生依赖于数据载体和八进制形式数据运算的出现。( )

42. 利用直线光栅检测位移时,莫尔条纹的移动方向与光栅移动方向是相同的。( )

43. 精细等离子切割机切割工件前不需要试切割。( )

44. 光栅属于光学元件,是一种精度较低的位移传感器。( )

45. 圆弧插补用半径编程时,当圆弧所对应的圆心角大于180°时半径取负值。( )

46. 不同的数控机床可能选用不同的数控系统,但数控加工程序指令都是相同的。( )

47. 数控机床按控制系统的特点可分为开环、闭环和半闭环系统。( )

48. 在开环和半闭环数控机床上,定位精度主要取决于进给丝杠的精度。( )

49. 数控机床适用于单品种,大批量的生产。( )

50. 一个主程序中只能有一个子程序。( )

51. 伺服系统的执行机构常采用直流或交流伺服电动机。( )

52. 只有采用CNC技术的机床才叫数控机床。( )

53. ISO标准规定G功能代码和M功能代码规定从00—99共100种。( )

54. 刀具半径补偿是一种平面补偿,而不是轴的补偿。( )

55. 刀具补偿寄存器内只允许存入正值。( )

56. 刀具补偿功能包括刀补的建立、刀补的执行和刀补的取消三个阶段。( )

57. 编制数控加工程序时一般以机床坐标系作为编程的坐标系。( )

58. 程序段号也是加工步骤的标记。( )

59. 在编制加工程序时,程序段号可以不写或不按顺序书写。( )

60. 在编制加工程序时,绝对命令和增量命令不可以混用。( )

61. 零点偏移是工件零点W与机床零点M之间的距离。( )

62. 固定循环的参数都是固定的。( )

63. 数控机床都称为加工中心。( )

64. 任何非圆曲线均可用直线段逼近。( )

65. 数控机床每加工一种工件,都得编写和输入一个对应的程序。( )

66. 工作坐标系原点的选择一般不一定非得考虑编程和测量的方便。( )

67. 编程零点与工件定位基准不一定非要重合,但两者之间必须要有确定的几何关系。( )

68. 程序段格式是指令字在程序段中排列的顺序,不同的数控系统的程序段格式是相同的( )

69. 交流伺服电动机即可用于开环伺服系统,也可用于闭环伺服系统。( )

70. 数控机床伺服系统包括主轴伺服和进给伺服系统。( )

71. 平带传动主要用于两轴垂直的较远距离的传动。( )

72. 齿轮传动是由主动齿轮、从动齿轮和机架组成的。( )

73. 螺旋传动主要由螺杆、螺母和机架组成。( )

74. 溢流阀在液压系统中所起的作用是溢流、安全和定压。( )

75. 按摩擦性质不同螺旋传动可分为传动螺旋、传力螺旋和调整螺旋三种。( )

76. 在换向阀的图形符号中,箭头表示通路,一般情况下还表示液流方向。( )

77. 轮系中的某一中间齿轮,可以即是前级的从动轮,又是后级的主动轮。( )

78. 键连接主要用于连接轴与轴上的零件,实现轴向固定。( )

79. 精密丝杠的加工工艺中,要求锻造工件毛坯,目的是使材料晶粒细化、组织紧密、碳化物分布均匀,可提高材料的刚性。(　　)

80. 润滑脂的主要种类有钠基润滑脂、钙基润滑脂、锂基润滑脂、铝基及复合铝基润滑脂、二硫化钼润滑脂、石墨润滑脂等。(　　)

81. 选择熔断器时要做到下一级熔体比上一级熔体规格大。(　　)

82. 直流电动机多用于要求再大范围内平滑调速的生产机械上。(　　)

83. 通过人体的电流频率越高,危险越大。(　　)

84. 接触器能实现远距离自动操作和过电压保护操作。(　　)

85. 接触器主要由电磁铁和触头两部分组成。(　　)

86. 直齿轮不能实现交叉轴传动。(　　)

87. 轴承可分为滑动轴承和滚动轴承。(　　)

88. 水切割机床在运行泵前,必须打开进水阀,进水阀关闭时运行将会损坏泵。(　　)

89. 热继电器不能做短路保护。(　　)

90. 选用液压油时一般先确定适用的润滑度范围,再选择合适的液压油品种。(　　)

91. 驱动装置是数控机床指挥机构的驱动部件。(　　)

92. 对于长期不用的数控机床,最好是每周通电 1 次,每次空载运行 20 min 左右,以保证电子器件性能的稳定和可靠。(　　)

93. 数控机床的润滑系统形式有定量式集中润滑泵和电动间歇润滑泵等。其中前者用的较多。(　　)

94. 对于机械伤害的防护,最根本的是将其全部运动零件进行遮拦,从而消除身体的任何部位与之接触的可能性。(　　)

95. 数控机床所发生的各种故障均可通过 CRT 自诊断程序显示的报警序号提示。(　　)

96. 液压系统的控制部分作用是用来带动运动部件,将液体压力转变成使工作部件运动的机械能。(　　)

97. 密封装置与运动件之间的摩擦系数越大,说明其密封性能越好。(　　)

98. 数控切割设备每加工一种工件,都得编写和输入一个对应的程序。(　　)

99. 当有紧急状况时,按下紧急停止按钮,可使机械动作停止,确保操作人员及机械的安全。(　　)

100. 水刀切割机的切割速度比其他切割机的切割速度快得多。(　　)

101. 操作者允许进入机床系统参数界面或者对机床系统参数进行修改。(　　)

102. FLOW 水刀的增压泵输出压力是恒定不可调的。(　　)

103. 绝不允许等离子弧与气缸之间有电接触。(　　)

104. 可以对水刀的应力释放管道线圈进行改造或取消。(　　)

105. 数控机床的故障主要是电气故障。(　　)

106. 数控机床是一种典型机电一体化产品。(　　)。

107. 分水滤气器中的水可以不排除。(　　)

108. 机床传动链的运动误差,是由传动链中各传动件的制造误差和装配误差造成。(　　)

109. 在液压系统工作过程中,当油压力超过溢流阀的调整压力时,整个液压系统的油压力就会迅速降之为零。（　　　）

110. 精细等离子切割机切割板料起弧和收弧时产生的缺陷可以避免。（　　　）

111. 主视图为自后方投影所得到的图形。（　　　）

112. 画局部视图,要在局部视图上方标出视图名称"X 向",在相应的视图附近用箭头指明投影方向,并注上同样的字母。（　　　）

113. 画在视图轮廓之内的剖面图称为剖面。（　　　）

114. 图样中所标注的尺寸为该图样所示机件的最后完工尺寸,否则应另外说明。（　　　）

115. 装配中所有的零、部件都必须编写序号。（　　　）

116. 同一装配图中编注序号的形式可以不一致。（　　　）

117. 允许尺寸的变动量称为尺寸极限尺寸。（　　　）

118. 表面结构代号中的数字单位是 μm。（　　　）

119. 螺纹千分尺只能测量低精度的螺纹。（　　　）

120. 万能角度尺可以测量小于 $40°$ 的内角。（　　　）

121. 未注公差就是自由尺寸。（　　　）

122. 在图样上标注粗糙度值 $Ra50\ \mu m$ 要比标注粗糙度 $Ra25\ \mu m$ 的表面质量高。（　　　）

123. 提高表面结构可以提高其疲劳强度。（　　　）

124. 表面结构是用去除材料方法获得包括剪切加工。（　　　）

125. 使用千分尺测量工件时,测量力的大小完全任凭经验控制。（　　　）

126. 使用千分尺测量数值时,要特别留心不要读错 0.5 mm。（　　　）

127. 千分尺固定后可当卡规用测量工件通止。（　　　）

128. 游标卡尺受到损伤后,应立即拆开修理后方可使用。（　　　）

129. 应用变通磨料(金刚砂)来擦除游标卡尺的刻度尺表面的锈迹和污物。（　　　）

130. 使用游标卡尺测量工件时,应用手握尺身,拇指推动游标测量力不应过大凭经验控制。（　　　）

131. 表面结构指标是反映零件微观几何形状误差的。（　　　）

132. 一般说来相对测量的测量精度不如直接测量的测量精度高。（　　　）

133. 计量器具只有量具和量仪两大类。（　　　）

134. 当被剖部分的图形面积较大时,可以只沿轮廓周边画出剖面符号。（　　　）

135. 物体在三面投影体系中的投影称为三视图,即主视图、俯视图、右视图。（　　　）

136. 线性尺寸的数字一般应注写在尺寸线的上方。（　　　）

137. 基本尺寸相同的,相互结合的孔和轴公差带之间的关系称为公差。（　　　）

138. 装配图只需对一般零件编写序号。（　　　）

139. 装配图上只需表明表示机器或部件规格、性能以及装配、检验安装所必需的尺寸。（　　　）

140. 装配图中也可以用涂色代替剖面符号。（　　　）

141. 公差等级选用由国标规定。（　　　）

142. 引起粗大误差的原因不是错误读取示值而是计量器具缺陷造成。（　　　）

143. 当位置检测器,安装在工作台上并将信号反馈到位置偏差检测时,就构成了半闭环

控制系统。(　　)

144. 在零件图中不可以用涂色代替剖面符号。(　　)

145. 在生产中,公差带的数量过多,即不利于标准化应用,也不利于生产。因此对所选用的公带与配合作了必要的限制。(　　)

146. 角度的数字可以写成水平和垂直两个方向。(　　)

147. 构成零件几何特征的点、线、面称为基准。(　　)

148. 表面结构指零件加工表面的光亮度。(　　)

149. 表面结构 Ra,Ry 和 Rz 的单位均以 μm 为单位。(　　)

150. 在基本视图的规定配置中,后视图配置在主视图与左视图之间。(　　)

151. 板材在加工区域内加工完毕后,其由于热变形其板料不平度(包括板料在内)必须控制在 50 mm 范围内,以免交换工作台时发生碰撞。(　　)

152. 氧乙炔火焰切割的切割速度取决于料厚与割嘴形状,随着料厚的增加,切割速度提升。(　　)

153. 氧乙炔火焰切割的氧气纯度对切割速度有很大影响。(　　)

154. 氧乙炔火焰切割的氧气纯度对切口质量有很大影响。(　　)

155. 批量生产和生产稳定时用调整法计算加工余量,这样可节省材料,降低成本。(　　)

156. 技术规程是指导职工进行生产技术活动的规范和准则。(　　)

157. 高压水切割切割机的切割速度比其他切割机的切割速度快得多。(　　)

158. 激光切割的起弧点应该在废料上。(　　)

159. 精细等离子切割机切割工件前不需要试切割。(　　)

160. 图样上标注的表面结构 $Ra12.5\ \mu m$ 要比标注粗糙度 $Ra6.3\ \mu m$ 的表面质量要求高。(　　)

161. 激光加工过程中无"刀具"磨损,无"切削力"作用于工件。(　　)

162. 工作场地的合理布局,有利于提高劳动生产率。(　　)

163. 激光、精细等离子、氧乙炔火焰切割时优先选用将原材料放在格栅熔渣累积较少处切割。(　　)

164. 在装配图上标注配合代号 18H7/p6,表示这个配合是基轴制配合。(　　)

165. 长度较长的机件在沿长度方向的形状一致或按一定规律变化时,可将线段断开后缩短绘制。采用这种画法时,尺寸可以不按机件原长标注。(　　)

166. 理论正确尺寸是表示被测面的理想形状、方向、位置的尺寸。(　　)

167. 金属材料随着温度变化而膨胀、收缩的特性成为热膨胀性。(　　)

168. 识读装配图的步骤是识读标题栏,明细表,视图配置,标注尺寸,技术要求。(　　)

169. 工艺规程制定是否合理,直接影响工件的加工质量,劳动生产率和经济效益。(　　)

170. 共线切割的基本原则是料件轮廓线至少有一个边是直线。(　　)

171. 等离子切割的起弧点应该在废料上。(　　)

172. 由于氧乙炔火焰切割存在固有缺陷,因此切割时会在切割面处预留机加工余量。(　　)

173. 氧乙炔火焰切割的最小孔直径为 40 mm。(　　　)

174. 由于氧乙炔火焰切割存在固有缺陷,因此不可以使用共线切割,无法节省原材料。(　　　)

175. 氧乙炔火焰切的原材料表面不允许有防锈漆,否则无法切割。(　　　)

176. 激光切割没有割嘴就无法切割。(　　　)

177. 选用、安装、穿孔或切割首件时发现割嘴的状况不良,需立即更换新的割嘴。(　　　)

178. 如果割嘴孔径过大,切割时四处飞溅的熔化物,可能穿过喷嘴孔,从而溅污镜片。(　　　)

179. 精细等离子加工时,割嘴的选择对切割断面有着重要的影响。(　　　)

180. 对于铝板折弯料件,在绘制展开图时,需要标注纹路方向。(　　　)

181. 在精细等离子切割和激光切割都能满足料件的切割要求时,优先选用精细等离子切割,因为精细等离子切割比激光切割效率高、节约成本。(　　　)

182. 受料件成型工艺影响,绘制展开图有时需预留工艺余量。(　　　)

183. 对于大批量加工时,机床首件质量确认可省略。(　　　)

184. 只要 AUTO CAD 能画出来,就可以用激光切割实现。(　　　)

185. AUTO CAD 功能比 CATIA 更强大。(　　　)

186. 对于表面有特殊要求的料件,在加工时需要特别注意原材料的表面状态。(　　　)

187. 利用 CATIA 软件,直接将 1∶1 的三维图纸在钣金模式展开,即可获取展开图。(　　　)

188. 展开图是检查首件的重要根据,因此一定要严格按照展开图要求检查首件的尺寸,以确保批量生产的准确无误。(　　　)

189. 从场地的合理布局考虑,原材料存放区与料件存放区应尽可能靠近设备工作区。(　　　)

190. 当所配备的图纸版本与下料票的版本备注不同时,按图纸执行。(　　　)

五、简 答 题

1. 根据激光功率和切割速度变化,观察低碳钢切割质量,一般可分为哪三个区?

2. 激光切割主要分为哪几种?

3. 激光切割质量主要包括几个方面?

4. 随着喷嘴直径增加,热影响区变窄,主要原因是什么?

5. 在没有冲压装置的激光切割机有两种穿孔的基本方法,分别是什么?

6. 零件轮廓以外的切割路径统称为辅助切割路径,辅助切割路径一般分为两类,分别是什么?

7. 从水质上区分,高压水切割有几种形式?

8. 理论上高压水切割可以切割任何材料,实际使用中用途主要是什么?

9. 高压水切割在水流中加入细砂的作用是什么?

10. 等离子切割中会发生"双弧"现象,简述双弧现象带来的主要危害。

11. 在等离子切割功率相同的情况下,对铝、铜、钢几种材料的切割速度进行排序。

12. 等离子弧切割工艺参数较多,列举出 3 种主要影响切割的工艺参数。

13. 影响切割质量的三个基本要素是什么？

14. 以氧乙炔火焰切割为例,通过调整氧气和乙炔的比例可以得到哪三种切割火焰？

15. 列举几种常用的火焰切割气体。

16. 简述手动编程的步骤。

17. 简述对刀点的选择原则。

18. 简述编程时注意事项。

19. 什么是相对坐标编程？什么是绝对坐标编程？

20. 程序质量判定标准是什么？

21. 试述液压传动的工作原理。

22. 简述机床液压系统产生油温升高的原因。

23. 联轴器和离合器在功用上有何区别？

24. 检验机床精度是在什么条件下进行的？

25. 液压系统中混入空气,对系统工作有何影响？可采取哪些措施加以防止？

26. 进行工作台的自动交换,机器首先要满足一定条件,请列出并说明。

27. 对于破坏性故障,例如伺服系统失控造成"飞车"等,维修人员应如何做？

28. 激光切割机普通运行的特征是什么是什么？

29. 水冷机水箱温度高,应检查哪些内容？

30. 简答数控机床的工作原理是什么？

31. FLOW 水刀切割机切割速度是由哪些因素决定的？

32. 提高位置精度的措施有哪些？

33. 一般电动机是怎样分类的？

34. 什么是不安全状态？不安全状态的具体表现形式是什么？

35. 什么是测量基准面？

36. 千分尺由哪几部分组成的？

37. 常用游标卡尺是由哪些零部件组成的？

38. 量规的分类？

39. 什么是测量要素？

40. 什么是测量的"最小条件"原则？

41. 加工误差有哪几种？

42. 提高尺寸测量精度的措施有哪些？

43. 完整的测量过程包括哪些内容？什么是测量对象？

44. 某量测量结果为 6.378 501,保留小数点后第 3 位,问结果应是什么？

45. CO_2 气体连续激光切割的主要工艺参数包括哪些？

46. 简述激光切割的优点。

47. 什么叫配合？新国标规定配合为哪三类？

48. 装配图的作用是什么？

49. 什么叫加工余量？加工余量的选择有什么原则？

50. 工艺系统原有误差包括哪些？

51. 工艺系统哪些热变形能对加工精度产生影响？

52. 什么叫强度？按作用力不同可分为哪几种？

53. 工艺系统哪些热变形能对加工精度产生影响？

54. 零件加工对机床的选择原则是什么？

55. AUTO CAD 的特点（至少答出五条）。

56. 水切割所用的磨料有哪些？粒径是多少？

57. 简述 Q235B 牌号说明。

58. 简述工艺规程的作用。

59. 看零件图的基本要求有哪几项？

60. 简述什么是工艺过程、什么是工艺规程。

61. 简述要实现氧乙炔火焰切割，需满足什么条件。

62. 简述加工何种料件时，需要在工艺准备阶段配备合理的料架，原因是什么。

63. 激光切割时使用加工气体的种类，特点？

64. 什么叫反割？如何减少反割？

65. 数控机床的诊断方法有哪些？

66. 对机床导轨有哪些要求？

67. FLOW 水刀切割机主要包括哪几部分？

68. 设备润滑的定点要求是什么？

69. 通快激光切割机接通/关闭激光气按键 $\boxed{\substack{\text{LASER} \\ \text{I}}}$ 的功能和指示灯的状态。

70. 简述液压油的使用要求？

六、综 合 题

1. 简述什么是激光熔化切割。

2. 激光切割需要使用辅助气体，简述使用辅助气体主要目的。

3. 简述在激光氧化助熔切割（燃烧切割）过程中，辅助气体压力过高或过低对切割的影响。

4. 与其他工艺方法相比，高压水切割的特点主要有什么？

5. 切口割斜或单侧割斜面倾斜角异常大，可能是什么原因造成的？

6. 切割速度对切割的影响主要表现是什么？

7. 分析火焰切割速度过快或过慢对切割质量的影响。

8. 数控机床的机床坐标系与工件坐标系的含义是什么？

9. 简述机床原点、编程原点和加工原点的概念和各自的作用。

10. 简述工件坐标系与机床坐标系之间的关系。

11. 溢流阀在系统中有何作用？

12. 可编程序控制器有哪些特点？

13. 试述液压系统的组成及各部分的作用。

14. 当操作通快激光切割机控制面板上的 $\boxed{\text{O}}$ 进给暂停键时，对机床运行状态产生什么样的联锁反应？

15. 通快激光切割机液压系统换油步骤。

16. 通快激光切割机 Focusline 是什么装置？有什么功能？

17. 离合器有何功用? 如何分类?

18. 叙述 1/50 mm 游标卡尺的读数原理。

19. 简答测量方法分几类?

20. 用某方法测得某尺寸 $L_1 = 100.0$ mm± 0.05 mm,用另一方法测得另一尺寸 $L_2 = 10.0$ mm± 0.01 mm,从相对误差考虑,哪一方法测量精度高?

21. 某量测量值为 2 000,真值为 1 997,求测量误差和修正值?

22. 什么叫法定计量单位? 这种计量单位具有什么特点?

23. 数控加工工艺的制定方法有哪些?

24. 激光切割优点?

25. 工艺规程的作用是什么,工艺规程的目标和要求是什么?

26. 制订工艺规程时应注意哪些问题?

27. 画出图 1 的展开图图形,并标注尺寸(材质为铝板 3 mm 厚 5 083.H111)。

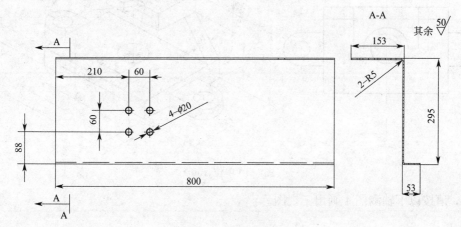

图　1(单位:mm)

28. 画出图 2 的展开图图形,并标注尺寸(材质为钢板 3 mm 厚 X2CrNiN18~7)。

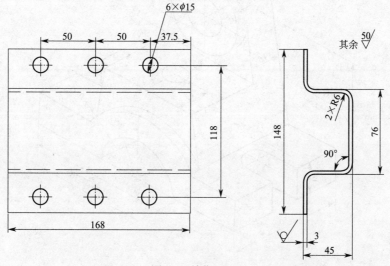

图　2(单位:mm)

29. 在激光切割机启动程序之前,要检查哪几项(至少答出五条)?

30. 如图 3 所示,请按主视图补全 A—A 剖视图并将主体视图上的尺寸标注在主视图上。

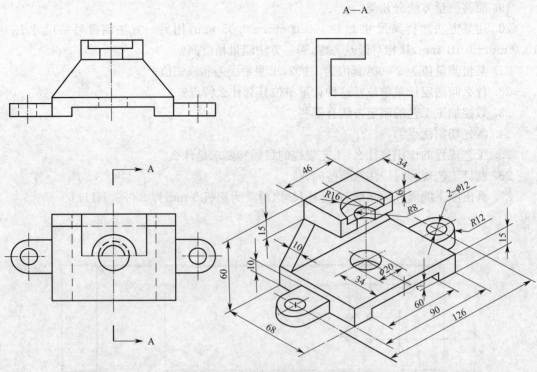

图　3(单位:mm)

31. 请按以下轴测图 4 画出三视图。

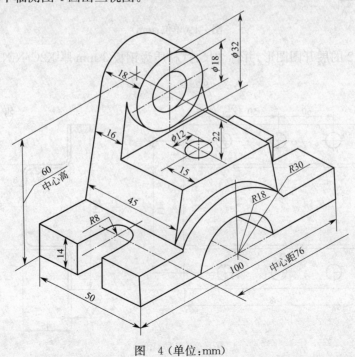

图　4(单位:mm)

32. 如何从经济观点出发来分析何种零件在数控切割机床上加工合适?

33. 试述数控机床的程序输入设备有哪些?

34. 数控机床的主机部分与普通机床相比有什么不同?

35. 怎样利用机床坐标的位置显示功能,测试各坐标轴的运动? 如果工件坐标与位置显示功能不一致怎么办?

36. 激光切割机关闭机床时为什么要先退出激光再关闭机床电源?

数控切割机床操作工(高级工)答案

一、填空题

1. 提高　　　2. 较高　　　3. 激光　　　4. 空气
5. 熔渣黏附　　6. 正比　　7. 正比　　8. 切割质量
9. 热影响区大小　10. 清渣不净或切不透　　11. 切口宽度
12. 孤岛现象或孤岛分离　　13. 喷嘴　　14. 喷嘴高度低
15. 过低　　16. 3　　17. 切割深度　　18. 工件单位面积
19. V 型　　20. 保护气体　　21. 保护气体　　22. 断弧
23. 预热　　24. 氮气　　25. 熔化　　26. 粗糙度
27. 熔渣　　28. 后　　29. 回火　　30. 薄板
31. 机床运动　　32. 自动控制　　33. 高　　34. CAM
35. 较大　　36. 跳动式　　37. 编程　　38. 坐标显示
39. 修改部分　　40. 图形交互　　41. 数控语言　　42. 输入输出设备
43. 绝对　　44. 相对　　45. 指令信息　　46. 软件
47. 显示器　　48. 机床基准点　　49. 定位精度　　50. 位移传感器
51. 硬件故障　　52. 程序段　　53. 合成　　54. 反馈信号
55. 控制　　56. 检测元件　　57. 直线型　　58. 控制装置
59. 坐标位置　　60. 运动　　61. 加工工艺分析　　62. 开环控制
63. 开环　　64. 人机对话　　65. 编程和加工时　　66. 精度要求不高
67. 编程　　68. 插补　　69. 执行元件　　70. 光学
71. 动力　　72. 模数相等　　73. 滑车　　74. 改变液体方向
75. 油箱油位　　76. 保护接地　　77. 定位和运转　　78. 相对
79. 控制部分　　80. 定量　　81. 锁住状态　　82. 进给暂停键
83. 指令脉冲　　84. 定位精度　　85. 紧急停止　　86. 运动
87. 验收　　88. 保护电器　　89. X 和 Z　　90. 动力部分
91. ≥99.996%　　92. ≥99.996%　　93. ≥99.999%　　94. mm
95. 10 000　　96. 流量　　97. YV　　98. QF
99. FR　　100. 电子技术　　101. 自诊断　　102. 控制软件
103. 数字　　104. 现象　　105. 10 000　　106. 梯形图
107. 封闭容器　　108. 调速　　109. 行程位置　　110. 短路
111. 设计基准　　112. 圆弧　　113. 数码管　　114. 公差带
115. 非标准　　116. 较大　　117. 几何形状　　118. 表面相互位置
119. 比例　　120. 视图　　121. 装配　　122. 重复

123. 偏差　　124. 上偏差为零　　125. 误差　　126. 视图

127. 距离之差　　128. 局部视图　　129. 斜视图　　130. 长度

131. 测量精度　　132. 位置精度　　133. 米

134. 游标卡尺、游标深度尺、游标高度尺　　135. 毫米数　　136. 三面投影

137. 尺寸精度　　138. 形状精度　　139. 直线　　140. 全剖视

141. 比较法　　142. 基孔　　143. 基轴　　144. 较低

145. 封闭　　146. 宽相等　　147. 定形尺寸　　148. 共有线

149. 基本尺寸　　150. 配合　　151. 边缘　　152. 装配精度

153. 一致　　154. 直线边　　155. 碳化焰　　156. 利用率

157. 疲劳强度　　158. 双点画　　159. 计算和核对　　160. 卷尺

161. 圆弧切入　　162. 微连接　　163. 切割断面质量　　164. 薄板件

165. 白色油漆　　166. 实际　　167. 抵抗　　168. 米

169. 纪律　　170. 8　　171. 材质　　172. 减少穿孔次数

173. 割嘴　　174. 3.5寸软盘　　175. 自然磨损　　176. 平面朝上

177. 反射率高　　178. 分开　　179. 打磨　　180. 非金属

181. 检测平台　　182. 适合　　183. 切割断面　　184. 装卡

185. 上下料　　186. 审核　　187. 物流　　188. 中性层

189. 内侧　　190. 垂直

二、单项选择题

1. C	2. A	3. C	4. D	5. D	6. B	7. C	8. B	9. B
10. D	11. A	12. C	13. A	14. C	15. A	16. C	17. B	18. A
19. B	20. D	21. C	22. C	23. B	24. C	25. D	26. C	27. B
28. B	29. D	30. B	31. C	32. B	33. C	34. B	35. D	36. A
37. C	38. A	39. B	40. B	41. C	42. C	43. A	44. A	45. C
46. C	47. C	48. C	49. C	50. C	51. C	52. C	53. C	54. B
55. B	56. C	57. C	58. B	59. B	60. C	61. C	62. A	63. D
64. B	65. D	66. A	67. C	68. B	69. D	70. B	71. C	72. B
73. C	74. B	75. B	76. B	77. D	78. B	79. B	80. A	81. D
82. C	83. C	84. C	85. D	86. B	87. A	88. C	89. B	90. A
91. B	92. D	93. C	94. B	95. D	96. C	97. A	98. B	99. B
100. A	101. C	102. B	103. C	104. C	105. B	116. B	107. C	108. A
109. C	110. C	111. B	112. C	113. D	114. C	115. C	116. C	117. C
118. B	119. A	120. A	121. C	122. A	123. C	124. B	125. D	126. A
127. C	128. B	129. D	130. A	131. C	132. C	133. C	134. B	135. C
136. A	137. B	138. A	139. A	140. B	141. C	142. C	143. C	144. A
145. D	146. B	147. B	148. C	149. C	150. C	151. C	152. A	153. C
154. A	155. A	156. B	157. A	158. A	159. C	160. A	161. C	162. A
163. A	164. C	165. D	166. A	167. C	168. A	169. A	170. B	171. D

172. D   173. C   174. B   175. D   176. B   177. C   178. A   179. C   180. B
181. A   182. B   183. D   184. A   185. A   186. D   187. D   188. B   189. A
190. B

三、多项选择题

1. ABCD   2. ACD   3. AB   4. AB   5. ABD   6. CD   7. AB
8. AC   9. CD   10. BCD   11. AC   12. ABC   13. BCD   14. BCD
15. ABD   16. BD   17. AC   18. CD   19. ABC   20. AC   21. ABD
22. AD   23. CD   24. ABCD   25. ABC   26. BC   27. AD   28. AB
29. BCD   30. ABCD   31. ABD   32. AB   33. ABC   34. BCD   35. ABD
36. ABC   37. ABC   38. ABCD   39. ABC   40. BC   41. BC   42. ABC
43. CD   44. BC   45. ABC   46. ABD   47. ABCD   48. ABC   49. ABC
50. ABD   51. BCD   52. ABCD   53. AC   54. AD   55. ABCD   56. BCD
57. BCD   58. BCD   59. BCD   60. ABCD   61. ABCD   62. BD   63. ABCD
64. ABCD   65. ABCD   66. ABCD   67. ABC   68. ACD   69. AD   70. ABCD
71. ABCD   72. ACD   73. ABCD   74. BCD   75. BC   76. ABCD   77. ABC
78. BD   79. ABCD   80. CD   81. ABCD   82. CD   83. CD   84. ABCD
85. BCD   86. ABC   87. ABC   88. ABCD   89. BC   90. ABD   91. ABC
92. BCD   93. AB   94. ACD   95. ABD   96. ABC   97. BCD   98. ACD
99. BCD   100. ACD   101. ABCD   102. ABC   103. BD   104. ABC   105. ABCD
106. ABC   107. ABCD   108. ACD   109. AD   110. BC   111. AC   112. BD
113. ABD   114. ABC   115. ABD   116. BD   117. AC   118. BC   119. BD
120. ABD   121. AC   122. AC   123. ABC   124. BD   125. AD   126. ABD
127. ABC   128. ABD   129. BC   130. BC   131. BD   132. ABC   133. AD
134. ABD   135. ABCD   136. ACD   137. BC   138. ABD   139. ABC   140. ACD
141. BCD   142. AC   143. ABD   144. ABC   145. BCD   146. BCD   147. BCE
148. ABCDE   149. ABDE   150. ABC   151. ABC   152. CDEF   153. ABC
154. ABCD   155. ABCDEF   156. BC   157. ABC   158. BD   159. AB
160. CD   161. CD   162. AD   163. AB   164. ABCD   165. ABC   166. ABC
167. ABC   168. ABCD   169. ABC   170. BCD   171. ABD   172. ABCD   173. ABC
174. ABC   175. ACCA   176. ABC   177. AB   178. AB   179. ABC   180. AB
181. ABD   182. ABCD   183. ABC   184. AB   185. ABC   186. AC   187. ABD

四、判 断 题

1. √   2. ×   3. ×   4. √   5. √   6. √   7. ×   8. √   9. ×
10. √   11. ×   12. √   13. ×   14. √   15. ×   16. √   17. √   18. √
19. ×   20. ×   21. ×   22. √   23. √   24. √   25. √   26. ×   27. √
28. ×   29. √   30. ×   31. √   32. ×   33. ×   34. ×   35. ×   36. ×
37. ×   38. √   39. ×   40. √   41. √   42. √   43. √   44. ×   45. √

46. ×　47. ×　48. √　49. ×　50. ×　51. √　52. ×　53. √　54. √
55. ×　56. √　57. ×　58. ×　59. √　60. ×　61. √　62. ×　63. ×
64. √　65. √　66. ×　67. ×　68. ×　69. √　70. √　71. √　72. √
73. √　74. √　75. √　76. √　77. √　78. ×　79. √　80. √　81. ×
82. √　83. ×　84. √　85. √　86. √　87. √　88. √　89. √　90. √
91. ×　92. √　93. √　94. √　95. √　96. ×　97. √　98. √　99. √
100. ×　101. √　102. √　103. √　104. √　105. √　106. √　107. ×　108. √
109. ×　110. ×　111. ×　112. √　113. ×　114. √　115. √　116. ×　117. ×
118. √　119. √　120. √　121. √　122. √　123. √　124. √　125. √　126. √
127. ×　128. √　129. √　130. √　131. √　132. √　133. √　134. √　135. ×
136. √　137. √　138. √　139. √　140. √　141. √　142. √　143. √　144. ×
145. √　146. ×　147. √　148. √　149. √　150. √　151. √　152. √　153. √
154. √　155. √　156. √　157. √　158. √　159. √　160. √　161. √　162. √
163. √　164. ×　165. √　166. √　167. √　168. √　169. √　170. √　171. √
172. √　173. √　174. √　175. √　176. √　177. √　178. √　179. √　180. √
181. √　182. √　183. √　184. √　185. √　186. √　187. √　188. √　189. √
190. ×

五、简 答 题

1. 答:精细切割区、轻微粘渣区、牢固粘渣区。(每缺1项扣2分)

2. 答:熔化切割、汽化切割、氧化助熔切割(燃烧切割)、控制断裂切割。(烧蚀)(每缺1项扣1分)

3. 答:尺寸精度、切口宽度、切割面的粗糙度、热影响区的宽度及硬度。(每缺1项扣1分)

4. 答:从喷嘴(1分)中喷出的气流(2分)对切割区基体材料(1分)产生强烈的冷却作用(1分)。

5. 答:爆破穿孔(2分)、脉冲穿孔(3分)。

6. 答:一类是"切入、切出辅助路径",即引入、引出线(3分);另一类是"环形辅助路径"(2分)。

7. 答:纯水切割(2分)、加磨料切割(3分)。

8. 答:切割非可燃性材料、切割可燃性材料、切割易燃易爆材料。(每缺1项扣2分)

9. 答:在水流速度不变的情况下(1分),加入细砂以提高运动物体的质量(2分),可以提高水流的冲击动能(2分),进而提高切割效率。

10. 答:破坏等离子弧的稳定性(1分)、双弧同时存在,减少了主弧电流,降低了主弧的功率(2分)、喷嘴受到强烈加热,容易烧坏喷嘴(2分)。

11. 答:铝<钢<铜。(5分)

12. 答:切割电流、切割速度、电弧电压、工作气体与流量、喷嘴高度、切割功率密度。(答出3点即为正确)(答对1项给2分,全部答对给满分)

13. 答:气体、切割速度、割嘴高度。(每缺1项扣2分)

14. 答:中性焰(即正常焰),氧化焰,还原焰。(每缺1项扣2分)

15. 答：乙炔、丙烷、天然气、煤气、甲烷。（答出 3 点即为正确）（答对 1 项给 2 分，全部答对给满分）

16. 答：(1)分析图纸内容(0.5 分)。(2)确定工艺工程(1 分)。(3)计算加工轨迹和加工尺寸(1 分)。(4)编制加工工序及初步检验(1 分)。(5)制备控制介质(1 分)。(6)程序校验和试切割(0.5 分)。

17. 答：对刀的目的是确定工件坐标系原点在机床坐标系中位置(2 分)，对刀点选择原则是便于对刀操作(1 分)，且与工件坐标系原点和机床坐标系原点之间有确定的坐标关系(2 分)。

18. 答：(1)正确选用板材。(2)正确选用切割工艺参数。(3)切割起始点的位置。(4)强制切割顺序。（每缺 1 项扣 1 分）

19. 答：相对坐标编程：编程的坐标值按增量值的方式给定的编程方法(2.5 分)；绝对坐标编程：编程的坐标按绝对坐标的方式给定的编程方法(2.5 分)。

20. 答：(1)程序是正确的完备的，零件加工质量稳定。(2)误差控制。(3)程序的稳定性号，可读性好，易于调试和修改。(4)充分发挥系统功能，使程序最短。(5)程序的通用性号。(6)加工效率。(7)安全性。(8)工艺性。(9)编程成本低、运行成本低、后续加工成本低。（答出 5 点即为正确）（答对 1 项给 1 分，全部答对给满分）

21. 答：液压传动的工作原理是：以油液作为工作介质(1 分)，依靠密封容积的变化来传递运动(2 分)，依靠油液内部的压力来传递动力(2 分)。

22. 答：液压系统工作时，油液经过管道或各种阀时会产生压力损失(1 分)，系统中各相对运动件间摩擦阻力引起机械损失(1 分)；因泄漏等损耗引起容积损失(1 分)。以上原因造成的总能损失转变为热能(2 分)，使油温升高。

23. 答：其区别在于：联轴器的作用是把两根轴连接在一起，机器运转时不能分离，只有在机器停转后，并经过拆卸才能把两轴分开(3 分)；离合器的功用是机器在运转过程中，可将传动系统随时分离或接合(2 分)。

24. 答：机床的几何精度、传动精度和运动精度是在空载条件下检验的(3 分)。动态精度的检验要在机床处于一定工作条件下进行(2 分)。

25. 答：液压系统中有空气混入，可造成系统中如下几方面的影响：压力波动较大(1 分)；有冲击现象(1 分)；换向精度低(1 分)；造成"爬行"；噪声大(1 分)。采取排出空气的办法，即可排除上述影响(1 分)。

26. 答：(1)机器切割头回到参考点位置。(2)安全门关闭。(3)光栅保护系统处于正常状态。(4)工作台上没有材料探出台面，交换台导轨上没有杂物。（每缺 1 项扣 1 分）

27. 答：对于破坏性故障，维修人员在维修时不允许重演故障现象(2 分)，而只能根据现场人员介绍，经过检查、分析来排除(2 分)，所以技术难度较高，且有一定的风险(1 分)。

28. 答：(1)机床通过程序控制或手动控制。(2)保护装置处于激活状态。(3)当激光束接通时，激光切削头处于工件之上的工位。(4)在设备的危险区域没有人停留。（每缺 1 项扣 1 分）

29. 答：(1)检查压缩机是否工作，用手摸其是否有震动。(2)检查冷却风扇是否工作。(3)检查高压保护开关是否跳开，可手动复位。(4)用压缩空气清理水冷机散热片。（每缺 1 项扣 1 分）

30. 答：加工信息（程序）由信号输入装置送到计算机中，经计算机处理、运算后(2 分)，分别送给各轴控制装置,经各轴的驱动电路转换、放大后驱动各轴伺服电动机(2分),带动各轴运动,并随 时反馈信息进行控制,完成零件的轮廓加工(1分)。

31. 答:机床加工时的切割速度是由切割材料的厚度(1.5分),材质的软硬(1.5分),使用的切割压力(1分)以及供砂量(1分)来决定。

32. 答:(1)提高机床各有关部件之间的位置和运动精度来保证加工零件所必备的几何精度。(2)提高工件的找正精度。(3)提高夹具的制造和安装精度。(4)提高工件加工表面之间位置的检测精度。(每缺1项扣1分)

33. 答:一般电动机可分为直流电动机和交流电动机两大类(2分)。交流电动机按所使用电源可分为单相电动机和三相电动机两种(1分);其中三相电动机又分为同步和异步两种(1分);而异步电动机按转子结构还可分为绕线式和鼠笼式两种(1分)。

34. 答:不安全状态是指能导致发生事故的物质条件(1分)。
它的表现形式为:(1)防护、保险、信号等装置缺乏或有缺陷(1分)。(2)设备、设施、工具、附件有缺陷(1分)。(3)个人防护用品用具等缺少或有缺陷(1分)。(4)生产(施工)场地环境不良(1分)。

35. 答:测量基准面就是测量时的起始面和依据(1分)。选择测量基准面的原则是:设计(1分),工艺(1分),检验(1分),装配(1分)等基准面相一致的原则。

36. 答:千分尺由:尺架、测微装置、测力装置和销紧装置等组成(每缺1项扣2分)。

37. 答:常用的游标卡尺由尺身,上下量爪,尺框,紧固螺钉,微动装置,主尺,微动螺母,游标组成。(每缺1项扣1分)

38. 答:量规的分类为工作量规;验收量规(2.5分);校对量规(2.5分)。

39. 答:被测对象、计量单位、测量方法、测量误差。(每缺1项扣2分)

40. 答:最小条件指的是被测实际要素(2分)对其理想要素的最大变动量(3分)为最小。

41. 答:(1)尺寸误差(2)几何形状误差(3)表面相互位置误差。(每缺1项扣2分)

42. 答:(1)合理选择测量工具和测量方法(3分)。(2)合理使用测量工具并多次重复测量(2分)。

43. 答:完整的测量过程包括被测对象、计量单位、测量方法、测量精度(2分)。
被测对象指几何量,包括长度、角度、表面结构、形状、位置及其他复杂零件中的几何参数等(3分)。

44. 答:6.379(5分)。

45. 答:主要工艺参数包括:激光功率、辅助气体的种类和压力、切割速度、焦点位置、焦点速度和喷嘴高度。(答对1项给1分)

46. 答:1)切割质量好。2)切割速度快。3)清洁、安全、无污染。(每缺1项扣2分)

47. 答:基本尺寸相同的,互相结合的孔和轴与公差带间的关系。
新国标规定配合为三类:(1)间隙配合。(2)过渡配合。(3)过盈配合。(每缺1项扣2分)

48. 答:装配图是表达机器或部件的图形(1分),是反映设计思想,指导生产,交流技术的重要技术部件(1分),装配图除了表达机器或部件的名称结构性能和工作原理外还表达零件的主要结构(2分),形状及各零件之间装配,连接关系运动情况等(1分)。

49. 答:加工余量是指在加工过程中,从被加工表面上切除的金属厚度(2分)。
加工余量的选择原则是:在保证加工质量的前提下尽量减少加工余量(3分)。

50. 答：工艺系统原有误差主要有机床误差、夹具和刀具误差、工件误差、测量误差以及定位和安装调整误差。(答对 1 项给 1 分,全部答对给满分)

51. 答：(1)有机床热变形对加工精度的影响。(2)有工件热变形对加工精度的影响。(3)有刀具热变形对加工精度的影响。(答对 1 项给 2 分,全部答对给满分)

52. 答：强度是金属材料在外力作用下抵抗塑性变形和断裂的能力(2 分)。

按作用力性质不同可分为：抗拉强度、抗弯强度、抗压强度、抗剪强度和抗扭强度等(3 分)。

53. 答：(1)有机床热变形对加工精度的影响。(2)有工件热变形对加工精度的影响。(3)有割嘴热变形对加工精度的影响。(每缺 1 项扣 2 分)

54. 答：(1)机床的加工范围应与零件加工内容和外廓尺寸相适应。(2)机床的精度应与工序加工要求的精度相适应。(3)机床的生产率应与零件的生产类型相适应。(每缺 1 项扣2 分)

55. 答：(1)具有完善的图形绘制功能。(2)有强大的图形编辑功能。(3)可以采用多种方式进行二次开发或用户定制。(4)可以进行多种图形格式的转换,具有较强的数据交换能力。(5)支持多种硬件设备。(6)支持多种操作平台。(7)具有通用性、易用性。(答对 1 项给 1 分,全部答对给满分)

56. 答：水切割所用的磨料为石英砂、石榴石、河砂、金刚砂等(2 分)。磨料的粒径一般为40～70 目(1 分),磨料的硬度越高粒径越大,切割能力也越强(2 分)。

57. 答：Q—屈服点的"屈"的拼音字首(1 分),235 屈服点 δ_s 的值(单位 MPa)(1 分),A、B、C、D 质量等级由低到高(1 分)。

Q235B 表示屈服点为 235 MPa、质量等级为 B 级的碳素结构钢(2 分)。

58. 答：(1)工艺规程是指导生产的主要技术文件(2 分)。(2)工艺规程是生产组织管理工作、计划工作的依据(2 分)。(3)工艺规程是车间的基本资料(1 分)。

59. 答：(1)了解零件的名称、材料、用途。(2)分析零件各部分的几何形状、结构特点及作用。(3)分析零件各部分的定形尺寸和各部分之间的定位尺寸。(4)熟悉零件的各项技术要求。(答对 1 项给 1 分,全部答对给满分)

60. 答：工艺过程是改变生产对象的形状、尺寸、相对位置和性质等,使其成为成品或半成品的过程(3 分);工艺规程是指用表格的形式将加工工艺过程的内容规定下来,成为生产的指导性文件(2 分)。

61. 答：(1)金属的燃点应低于熔点。(2)金属氧化物的熔点应低于金属的熔点。金属燃烧时要放出足够的热量。(3)金属的导热性不能过高。(4)生成的氧化物的流动性要好。(答对 1 项给 1 分,全部答对给满分)

62. 答：长大件、薄板件、易变形制件要上料架存放、吊运(2 分)。若没有配备相应的料架,加工完成后在吊运的过程中势必会引起件的变形(2 分),情况严重则会造成件的报废,轻则增加不必要的调修工艺(1 分)。

63. 答：(1)氧气。主要用于碳钢切割,利用氧化反应热大幅度提高切割效率的同时,产生的氧化膜会提高反射材料的光谱光束吸收因数(2 分)。(2)氮气。主要用于不锈钢切割,可防止氧化膜的出现,切割面具有可以直接进行熔炼、涂抹、耐腐蚀性强等优点(3 分)。

64. 答：在数控火焰切割时,板材是由隔栅上多个支点来支撑在工作台上,当切割路径经过板材下隔栅上的支撑点时,高压切割氧会遇到阻碍,造成高压切割氧返回向上切割在工件上,形成反切割现象,称之为反割(2分)。

如何减少反割现象:(1)减少隔栅上的支点。(2)加大燃烧气体的供给量。(3)降低切割速度。(答对1项给1分)

65. 答:(1)常规检查。(2)功能程序诊断法。(3)备件置换法。(4)参数检查法。(5)测量比较法。(6)敲击法。(7)逻辑线路追踪法。(8)节点(PC接口)诊断法。(9)用通用或专用诊断软件诊断法。(每缺1项扣1分)

66. 答:应具有良好的导向精度(1分)并且有足够的刚度和较好的稳定性(2分),导轨表面耐磨性好等要求(2分)。

67. 答:高压水发生系统、液压系统、传动系统、气动系统、喷射系统、控砂系统、冷却系统、排砂系统、CNC数控系统等组成。(每缺1项扣1分)

68. 答:根据润滑图表上指定的润滑部位、润滑点、检查点(2分),进行加油、换油(1分),检查液面高度及供油情况(2分)。

69. 答:通过操作该按键将启动自动接通循环,该按键闪亮(1分)。

(1)如果激光运行准备就绪,则该按键发光。再次操作该按键将启动自动关闭循环,该按键闪亮(2分)。

(2)如果激光不再是运行准备就绪状态,怎该按键内的灯熄灭(2分)。

70. 答:(1)适宜的黏度和良好的黏温性能。(2)润滑性能好。(3)稳定性要好,即对热、氧化和水解都有良好的稳定性,使用寿命长。(每缺1项扣2分)

六、综合题

1. 利用激光加热工件使之熔化(4分),同时借助非氧化辅助气体排除熔融物质(6分),形成割缝。

2. 将熔化和汽化的材料从切口吹掉;惰性的辅助气体可以防止切口氧化;活性的辅助气体可以为切割过程增加热能;防止从切缝溅射出的材料污染聚焦透镜;去除材料表面的等离子体,提高材料对激光束的吸收;冷却切割临近区域以减小热影响区的尺寸。(每缺1项扣1分)

3. 在切割过程中,过高的辅助气体压力会使切口表面发生强烈的自燃,从而增加切口表面的粗糙度(5分);压力太小又不足以获得足够的动能将熔融的材料从切缝处吹掉,这样会产生黏渣(5分)。

4. 切割质量较好,材料利用率高,成本低;切割过程稳定;温度较低,无热变形、烟尘、渣土等,可切割易燃材料及制品;加工材料范围广,既可用来加工非金属材料,也可以加工金属材料;可自动加工复杂的形状;环境污染小。(每缺1项扣2分)

5. 喷嘴一侧磨损、水喷嘴与磨料喷嘴不同心、割头倾斜。(每缺1项扣3分)

6.(1)切割速度适度地提高能改善切口质量,即切口略有变窄,切口表面更平整,同时可减小变形;(2)切割速度过快使得切割的线能量低于所需的量值,切缝中射流不能快速将熔化的切割熔体立即吹掉而形成较大的后拖量,伴随着切口挂渣,切口表面质量下降;(3)当切割速度太低时,会使切口变宽,切口两侧熔融的材料在底缘聚集并凝固,形成不易清理的挂渣,而且切口上缘因加热熔化过多而形成圆角;(4)当速度极低时,由于切口过宽,电弧甚至会熄灭。(每缺1项扣2分)

7. 过快的切割速度会使切割断面出现凹陷和挂渣等质量缺陷,严重的有可能造成切割中断(5分);过慢的切割速度会使切口上边缘熔化塌边、下边缘产生圆角、切割断面下半部分出现水冲状的深沟凹坑等(5分)。

8. 机床坐标系时机床固有的坐标系,机床坐标系的原点也称为机床原点或机床零点,这个原点在机床一经设计和制造调整后,便被确定下来,它是固定的点(5分)。

工件坐标系是编程人员在编程时使用的,编程人员选择工件上的某一已知点为原点(也称程序原点),建立一个新的坐标系,称为工件坐标系,工件坐标系一旦建立便一直有效,直到被新的工件坐标系所取代(5分)。

9. 机床原点时机床坐标系的原点,它是固定的点,他的作用是使机床的各运动部件都一个相应的位置,编程原点是工件坐标系的原点,也是编程人员选择工件上的某一已知点为原点(4分),建立一个坐标系主要是为了方便编程,不考虑工件在机床上的具体位置,加工原点是对刀完成后加工的刀具起始(3分),数控装置上电后为了正确地在机床工作时建立机床坐标系就必须设置一个机床参考点(3分)。

10. 工件坐标系是以编程方便而建立的坐标系,机床坐标系时机床制造商依机床特点而设定的坐标系(5分),一般来说,二者不重合的,二者之间在工件安装在机床上,进行对刀操作工程中建立联系,为对刀操作方便,一般尽量使工件坐标系的坐标轴与机床坐标系平行或重合(5分)。

11. 答:(1)作溢流阀用。如果系统由定量泵供油,则溢流阀和节流阀、负载并联,随着液压缸所需流量的不同,阀的溢流量也不同,但系统压力基本保持恒定(3分)。

(2)作安全阀用。由于采用了变量泵,可根据液压缸需要进行供油,在正常工作情况下,阀口关闭。当超载时,系统压力达到阀的调定压力时,阀口才打开,压力油通过阀口流回油箱,油压便不再升高,使之不超过压力调定值,起到安全保护作用(3分)。

(3)作减压阀用。在定量泵供油系统中,将溢流阀的远程控制口通过二位二通电磁阀和油箱连通。当电磁阀通电时,这段油路被接通,先导主阀心控制腔(弹簧腔)的油液流回油箱,压力接近于零,主阀心在另一端油压作用下使阀口开大,主油路卸荷减压(4分)。

12. 答:可编程序控制器的特点:(1)可靠性高。(2)控制程序可改变,具有很好的柔性。(3)编程简单、使用方便。(4)功能完善。(5)减少控制系统设计及施工的工作量。(6)扩展方便、组合灵活。(7)体积小、重量轻。(每缺1项扣2分)

13. 答:一般液压传动系统可分为四个组成部分:(1)动力部分:通过各种类型的液压泵将机械能转换为液压能。(2)执行部分:通过各种类型的液压缸及液压马达将液压能转换为机械能。(3)控制部分:通过各种控制阀来控制系统的压力、方向、流量,以满足系统的工作需要。(4)辅助部分　各种辅助元件,是将动力、执行、控制三部分连接成一个有效的系统。(每缺1项扣3分)

14. 答:(1)当操作该按键时,机床上所有的动作停止。(2)基准点仍然保留。(3)切削头运行到上部终端位置。(4)激光束和切削气体被切断。(5)通过操作启动键解除进给暂停。(6)只要进给暂停存在,机床就不能运动。(7)当处于进给暂停状态时,按键即发光。(每缺1项扣2分)

15. 答:(1)关闭主开关,并将其锁住,并拔下钥匙。(2)从底板上松解并抬起液压机组。(3)打开排油螺栓排放费油,给排油螺栓配上新的密封件并关闭。(4)取下清洁口的顶盖,并用不起毛的布将剩余费油擦净。(5)关闭顶盖,为此必须检查密封件,需要时将其更换。(6)更换滤油器。(7)加注指定液压油。(每缺1项扣2分)

16. 答：Focusline 是激光机床上用于自动调整焦点位置的装置(2分)。中心部件是自动聚焦反光镜(2分)，其表面根据冷却水压力被有目的变形(2分)。

Focusline 有以下两种功能：

(1)自动相应于材料种类和材料厚度来适配焦点位置(2分)。

(2)通过工作区域不同的光束长度来对聚焦变换进行校正(2分)。

17. 答案：离合器是一种可以通过各种操纵方式，实现主、从动部分在同轴线上传递运动和动力时，具有接合或分离功能的装置(2分)。离合器有各种不同的用途，根据原动机和工作机之间或机械中各部件之间的工作要求，离合器可以实现相对运动或停止，以及改变传动件的工作状态，达到改变传动比，如传动件之间相互同步或超越运动(2分)。此外，离合器还可以作为启动或过载时控制传递扭矩大小的安全保护装置等作用(2分)。

按离合器的接合元件传动的工作原理，可分为嵌合式离合器和摩擦式离合器两种(2分)。按操纵方式又可分为机械式、气压式、液压式和电磁式等四种(2分)。

18. 答：1/50 mm 游标卡尺，主尺每格 1 mm，当两爪合并时，副尺上的 50 格刚好与主尺上的 49 mm 对正(5分)。副尺角格＝49 mm /50＝0.98 mm，主尺与副尺角格相差＝1 mm－0.98 mm＝0.02 mm (5分)。

19. (1)直接测量；(2)间接测量；(3)绝对测量；(4)相对测量；(5)接触测量；(6)非接触测量；(7)单向测量；(8)综合测量；(9)被动测量；(10)主动测量。（每缺1项扣1分）

20. 答：(1)第一法相对误差 0.05/100＝0.05%(5分)；(2)第二法相对误差 0.01/10＝0.1%；故第一法精度高(5分)。

21. 答：测量误差 δ_L＝2 000－1 997＝3(5分)；修正值＝－δ_L＝－3 (5分)。

22. 答：由国家以法令形式规定强制使用或允许使用的计量单位叫做法定计量单位(5分)。凡属法定计量单位，在一个国家里，任何地区、任何部门、任何单位和个人都应该按规定执行(5分)。

23. 答：(1)核算零件的几何尺寸，公差及精度要求。(2)确定零件相对机床坐标系的装夹位置以及被加工部位所处的坐标平面。(3)选择刀具并准确测定刀具的尺寸。(4)确定工件坐标系，编程零点找正基准面及对刀参考点。(5)确定加工路线。(6)选择合理的工艺参数。（每缺1项扣2分）

24. 答：(1)切缝细小，可以实现几乎任意轮廓线的切割。(2)切割速度高。(3)切口垂直度和平行度好，表面结构好。(4)热影响区非常小，工件变形小。(5)几乎没有氧化层。(6)几乎不受切割材料的限制，可以切割金属和非金属。(7)无力接触加工，没有"刀具"磨损，也不会破坏精密工件的表面。(8)具有高度适应性、加工柔性高。(9)噪声小、无公害。（每缺1项扣1分）

25. 答：作用是：(1)是一切有关生产人员必须严格贯彻执行的具有法律性含义的文件。(2)是生产准备和计划调整的依据。(3)先进的工艺规程能推广先进技术，新建和扩建工厂时，还能以工艺规程为依据来制定建设计划，设计工厂以及生产线（答对1项给2分）。目标和要求是满足生产纲领要求(1分)；保证制造质量，可靠的达到产品图纸所提出的全部技术要求(1分)；提高生产率，缩短生产周期，降低成本(1分)；在充分发挥工厂现有生产潜力的条件下，尽量采用先进技术，改善生产条件，推动工厂进步(1分)。

26. 答：(1)技术上的先进性。在制订工艺规程时，要了解国内外本行业的工艺技术的发展水平，通过必要的工艺试验，积极采用先进的工艺和工艺装备(3分)。(2)经济上的合理性。

在一定的生产条件下,可能会出现几种能保证零件技术要求的工艺方案,此时应通过核算或相互对比,选择经济上最合理的方案,使产品的能源、材料消耗和生产成本最低(3分)。(3)有良好的劳动条件。在制订工艺规程时,要注意保证工人操作时有良好而安全的劳动条件(3分)。因此,在工艺方案上要注意采用机械化或自动化措施,以减轻工共繁杂的体力劳动(1分)。

27. 答:如图1所示。(评分标准:每条尺寸线1分,全部画对给满分,凡错、漏、多一条线各扣1分)

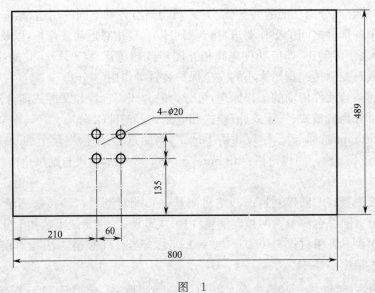

图　1

28. 答:如图2所示。(评分标准:每条尺寸线1分,全部画对给满分,凡错、漏、多一条线各扣1分)

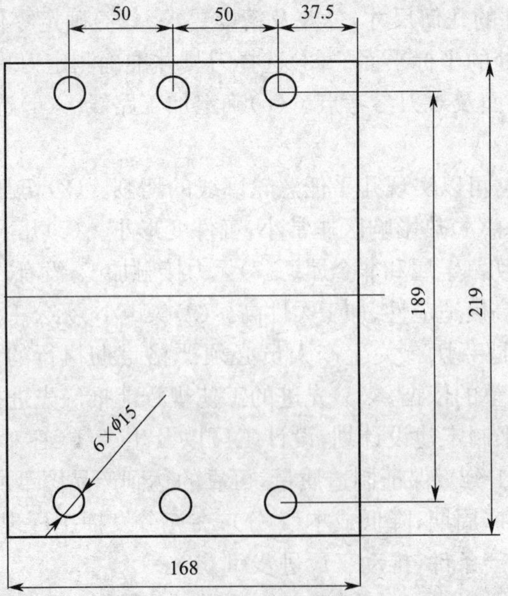

图　2

29. 答:(1)机床和激光器工作正常,没有异常现象产生,激光器工作状态准备就绪。(2)系统处于自动方式,安全门关闭。(3)选择的加工程序正确,程序段开始位置正确。(4)切割头处于板材原点位置,已正确设定工件坐标系。(5)程序速度设定合适,倍率波段开关位置正确。(6)切割头焦点位置正确,切割嘴孔径适合,切割嘴同轴调整完毕。(7)切割辅助气体压力正确和容量充足。(8)通风除尘设备已确定启动。(每缺1项扣1分)

30. 答:如图3所示。(评分标准:每条尺寸线0.5分,全部画对给满分,凡错、漏、多一条线各扣1分)

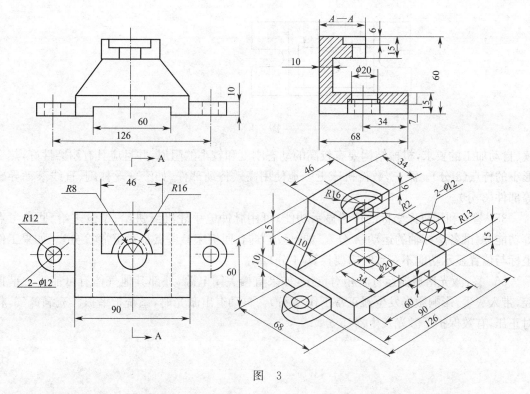

图　3

31. 如图4所示。(评分标准:每条尺寸线0.5分,全部画对给满分,凡错、漏、多一条线各扣1分)

32. 答:应结合本企业设备的实际,立足于解决难题,攻克关键和提高生产效率,充分发挥数控切割机床的优势(4分)。

(1)通用切割机床(如剪板机)无法加工的内容作为优先考虑。(2)通用切割机床难加工,质量难以保证的。(3)通用切割机床效率低、工人手工操作劳动强度大的内容,可在数控切割机床沿存在富余能力的基础上进行选择。(答对1项给2分)

33. 答:信息载体上记载的加工信息要经程序输入设备输送给数控装置(3分)。常用的程序输入设备有光电阅读机、磁盘驱动器和磁带机等(3分)。对于微机控制的机床,可用操作面板上的键盘直接输入加工程序或采用DNC直接数控输入方式,即把零件程序保存在上级计算机中,CNC系统一边加工,一边接收来自上级计算机的后续程序段(4分)。

34. 答:数控机床的主机部分与普通机床相比,其主要区别是:首先,数控机床采用的是高性能进给和主轴系统,因此传动系统结构简单,传动链短(3分)。其次,为了适应数控机床连

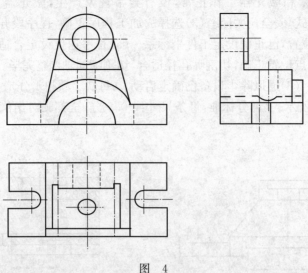

图　4

续、自动加工的要求,机械结构要有较高的动态刚度和较小的阻尼,并且应具有耐磨性好,热变形小的特点(4分)。第三,数控机床更多地使用高效传动部件,如滚珠丝杠副、直线滚动导轨等部件(3分)。

35. 答:利用机床坐标的位置显示功能,可用脉冲电手轮继续进给、增量进给、回参考点等功能,测试各坐标轴的运动(4分)。如:运动方向、回机床参考点是否正常(2分)。如果工件坐标与位置显示功能不一致时需要换算(4分)。

36. 答:激光谐振器运行时相对负压,如果直接关闭电源,外部其他气体有可能进入谐振腔,带入灰尘,影响激光发生器正常工作(5分)。自动退出激光时,系统把谐振腔充满氮气,相对正压,有效保护了激光发生器(5分)。

数控切割机床操作工(中级工)技能操作考核框架

一、框架说明

1. 依据《国家职业标准》[注],以及中国北车确定的"岗位个性服从于职业共性"的原则,提出数控切割机床操作工(中级工)技能操作考核框架(以下简称:技能考核框架)。

2. 本职业等级技能操作考核评分采用百分制。即:满分为 100 分,60 分为及格,低于 60 分为不及格。

3. 实施"技能考核框架"时,考核制件(活动)命题可以选用本企业的加工件(活动项目),也可以结合实际另外组织命题。

4. 实施"技能考核框架"时,考核的时间和场地条件等应依据《国家职业标准》,并结合企业实际确定。

5. 实施"技能考核框架"时,其"职业功能"的分类按以下要求确定:

(1)"编程技术"、"工件加工"属于本职业等级技能操作的核心职业活动,其"项目代码"为"E"。

(2)"工艺准备"、"精度检验及误差分析"和"设备的维护与保养"属于本职业等级技能操作的辅助性活动,其"项目代码"分别为"D"和"F"。

6. 实施"技能考核框架"时,其"鉴定项目"和"选考数量"按以下要求确定:

(1)按照《国家职业标准》有关技能操作鉴定比重的要求,本职业等级技能操作考核制件的"鉴定项目"应按"D"+"E"+"F"组合,其考核配分比例相应为:"D"占 20 分,"E"占 60 分(其中:编程技术 20 分,工件加工 40 分),"F"占 20 分。

(2)依据中国北车确定的"核心职业活动选取 2/3,并向上取整"的规定,在"E"类鉴定项目——"数控程序编制"与"工件加工"的全部 2 项中,至少选取 2 项。

(3)依据中国北车确定的"其余'鉴定项目'的数量可以任选"的规定,"D"和"F"类鉴定项目——"加工准备"和"精度检验及误差分析"、"设备的维护与保养"中,至少分别选取 1 项。

(4)依据中国北车确定的"确定'选考数量'时,所涉及'鉴定要素'的数量占比,应不低于对应'鉴定项目'范围内'鉴定要素'总数的 60%,并向上取整"的规定,考核制件(活动)的鉴定要素"选考数量"应按以下要求确定:

①在"D"类"鉴定项目"中,在已选定的 1 个或全部鉴定项目中,至少选取已选鉴定项目所对应的全部鉴定要素的 60%项,并向上保留整数。

②在"E"类"鉴定项目"中,在已选的 2 个鉴定项目所包含的全部鉴定要素中,至少选取总数的 60%项,并向上保留整数。

③在"F"类"鉴定项目"中,对应"精度检验及误差分析"和"设备的维护与保养"在已选定的 1 个或多个鉴定项目中,至少选取已选鉴定项目所对应的全部鉴定要素的 60%项,并向上保留整数。

举例分析：

按照上述"第6条"要求，若命题时按最少数量选取，即：在"D"类鉴定项目中选取了"设备基本操作"1项，在"E"类鉴定项目中选取了"数控程序编制"、"工件加工"2项，在"F"类鉴定项目中分别选取了"精度检验及误差分析"和"模具的维护与保养"2项，则：

此考核制件所涉及的"鉴定项目"总数为5项，具体包括："设备基本操作"，"数控程序编制"，"工件加工"，"精度检验及误差分析"，"设备的维护与保养"；

此考核制件所涉及的鉴定要素"选考数量"相应为16项，具体包括："设备基本操作"鉴定项目包含的全部4个鉴定要素中的3项，"数控程序编制"、"工件加工"2个鉴定项目包括的全部9个鉴定要素中的6项，"精度检验与误差分析"鉴定项目包含的全部4个鉴定要素中的3项，"设备的维护与保养"鉴定项目包含的全部6个鉴定要素中的4项。

7. 本职业等级技能操作需要两人及以上共同作业的，可由鉴定组织机构根据"必要、辅助"的原则，结合实际情况确定协助人员的数量。在整个操作过程中，协助人员只能起必要、简单的辅助作用。否则，每违反一次，至少扣减应考者的技能考核总成绩10分，直至取消其考试资格。

8. 实施"技能考核框架"时，应同时对应考者在质量、安全、工艺纪律、文明生产等方面行为进行考核。对于在技能操作考核过程中出现的违章作业现象，每违反一项（次）至少扣减技能考核总成绩10分，直至取消其考试资格。

注：按照中国北车规定，各《职业技能操作考核框架》的编制依据现行的《国家职业标准》或现行的《行业职业标准》或现行的《中国北车职业标准》的顺序执行。

二、数控切割机床操作工（中级工）技能操作鉴定要素细目表

职业功能	鉴定项目				鉴定要素		
	项目代码	名称	鉴定比重（%）	选考方式	要素代码	名　称	重要程度
工艺准备	D	设备基本操作	20	任选	001	对设备进行安全检查	Y
					002	开机启动/关闭操作系统	Y
					003	选用适合使用的割嘴	X
					004	机床走零点,定位精度检验	Y
		加工准备			001	检查原材料标识及缺陷	X
					002	准备、核对要加工件的图纸	X
					003	能正确理解工艺技术要求	X
					004	能够正确选择工具、量具	Y
编程技术	E	数控程序编制	20	必选	001	程序的调用及返回	X
					002	数控切割参数的设置	X
					003	数控切割路径的生成	X
					004	起弧点及微连接的设置	X
					005	图形到自动切割程序的转化	X
工件加工		工件加工	40	必选	001	根据材质选择合适的设备	X
					002	选择合适的切割参数	X
					003	试运行,控制系统检验	X
					004	能用给定程序进行工件切割,工件达到标准:轮廓尺寸达到ISO9013—2002标准中2级标准,断面无明显缺陷	X

职业功能	鉴定项目				鉴定要素		
	项目代码	名称	鉴定比重(%)	选考方式	要素代码	名称	重要程度
精度检验及误差分析	F	精度检验及误差分析	20	任选	001	能够正确的使用量具	Y
					002	能够判断实际尺寸是否满足图纸和技术要求	X
					003	能够分析出常见的误差及缺陷产生的原因	X
					004	能够采取相应措施预防或较少误差及缺陷的产生	Y
设备的维护与保养		设备的维护与保养			001	设备操作规程	X
					002	设备日常点检	X
					003	设备润滑	X
					004	根据维护保养手册维护保养设备	X
					005	识别报警排除简单故障	X
					006	现场 5S 管理	X

注:重要程度中 X 表示核心要素,Y 表示一般要素,Z 表示辅助要素。下同。

数控切割机床操作工(中级工)
技能操作考核样题与分析

职业名称：_____

考核等级：_____

存档编号：_____

考核站名称：_____

鉴定责任人：_____

命题责任人：_____

主管负责人：_____

中国北车股份有限公司劳动工资部制

职业技能鉴定技能操作考核制件图示或内容

按图纸要求,完成侧梁端板切割加工。

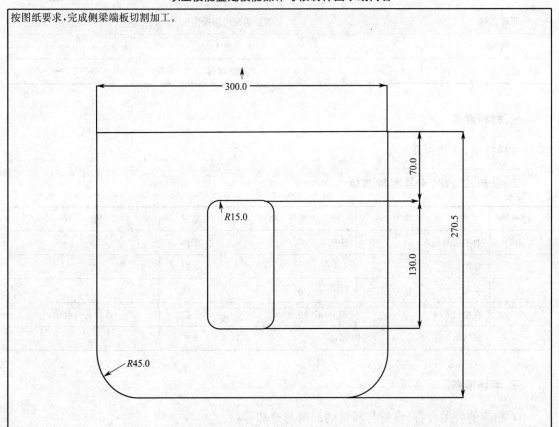

技术要求:轮廓尺寸达到 ISO 9013—2002 标准中 2 级标准,断面无明显缺陷。

职业名称	数控切割机床操作工
考核等级	中级工
试题名称	侧梁端板
材　　质	任意材质

职业技能鉴定技能操作考核准备单

职业名称	数控切割机床操作工
考核等级	中级工
试题名称	侧梁端板

一、材料准备

材料材质:任意材质。

二、设备、工、量、卡具准备清单

序号	名　　称	规　　格	数量	备　　注
1	数控切割机床	任选	1台	
2	卷尺	3.5 m	1把	
3	卡尺	150 mm	1把	
4	直角尺	50 mm×100 mm	1把	可以是自制的
5	线号笔	黑色	1支	

三、考场准备

1. 相应的公用设备、设备与器具的润滑与冷却等;
2. 相应的场地及安全防范措施;
3. 其他准备。

四、考核内容及要求

1. 考核内容(按考核制件图示及要求制作);
2. 考核时限 180 分钟;
3. 考核评分(表)。

职业名称	数控切割机床操作工		考核等级	中级工		
试题名称	侧梁端板		考核时限	120分钟		
鉴定项目	考核内容	配分	评分标准		扣分说明	得分
设备基本操作	按规程对设备进行安全检查	5	不检测扣2分			
	正确启动/关闭操作系统	5	不检测扣2分			
	针对切割工件选用适合使用的割嘴	10	会选用相应割嘴,不选扣3分			
数控程序编制	正确调用程序	4	不执行一次扣2分			
	正确设置切割参数	6	未设置扣3分			
	生成正确切割路径	4	不执行一次扣2分			
	设置零件切割起弧点及微连接	6	不执行一次扣3分			

续上表

鉴定项目	考核内容	配分	评分标准	扣分说明	得分
工件加工	会根据材质选择相应设备	10	了解所切割材质应用设备		
	正确选择设备切割参数	10	漏选一个扣2分		
	正确操作设备试运行及控制系统检验	10	不执行一项扣2分		
	应用给定程序加工工件,切割效果达到指定标准	10	视成型情况给分		
精度检验及误差分析	对工件进行尺寸测量	8	每遗漏一个扣2分		
	判断切割零件是否满足要求	4	每遗漏一个扣2分		
	分析误差及缺陷产生的原因	8	每少找一个扣2分		
综合考核项目	考核时限	不限	每超时5分钟,扣10分		
	工艺纪律	不限	依据企业有关工艺纪律规定执行,每违反一次扣10分		
	劳动保护	不限	依据企业有关劳动保护管理规定执行,每违反一次扣10分		
	文明生产	不限	依据企业有关文明生产管理定执行,每违反一次扣10分		
	安全生产	不限	依据企业有关安全生产管理规定执行,每违反一次扣10分		

职业技能鉴定技能考核制件(内容)分析

职业名称	数控切割机床操作工				
考核等级	中级工				
试题名称	侧梁端板				
职业标准依据	中国北车数控切割机床职业标准				

试题中鉴定项目及鉴定要素的分析与确定					
鉴定项目分类 分析事项	基本技能"D"	专业技能"E"	相关技能"F"	合计	数量与占比说明
鉴定项目总数	2	2	2	6	
选取的鉴定项目数量	1	2	1	4	
选取的鉴定项目数量占比	50%	100%	50%	67%	满足鉴定项目2/3的选取以及鉴定要素60%的选取
对应选取鉴定项目所包含的鉴定要素总数	4	9	4	17	
选取的鉴定要素数量	3	8	3	14	
选取的鉴定要素数量占比	75%	89%	75%	82%	

所选取鉴定项目及相应鉴定要素分解与说明						
鉴定项目类别	鉴定项目名称	国家职业标准规定比重(%)	《框架》中鉴定要素名称	本命题中具体鉴定要素分解	配分	评分标准	考核难点说明
"D"	设备基本操作	20	对设备进行安全检查	按规程对设备进行安全检查	5	不检测扣2分	
			开机启动/关闭操作系统	正确启动/关闭操作系统	5	不检测扣2分	
			选用适合使用的割嘴	针对切割工件选用适合使用的割嘴	10	会选用相应割嘴,不选扣3分	
"E"	数控程序编制	20	程序的调用及返回	正确调用程序	4	不执行一次扣2分	
			数控切割参数的设置	正确设置切割参数	6	未设置扣3分	
			数控切割路径的生成	生成正确切割路径	4	不执行一次扣2分	
			起弧点及微连接的设置	设置零件切割起弧点及微连接	6	不执行一次扣3分	
	工件加工	40	根据材质选择合适的设备	会根据材质选择相应设备	10	了解所切割材质应用设备	
			选择合适的切割参数	正确选择设备切割参数	10	漏选一个扣2分	
			试运行,控制系统检验	正确操作设备试运行及控制系统检验	10	不执行一项扣2分	
			能给定程序进行工件切割,工件达到标准:轮廓尺寸达到ISO 9013—2002标准中2级标准,断面无明显缺陷	应用给定程序加工工件,切割效果达到指定标准	10	视成型情况给分	

鉴定项目类别	鉴定项目名称	国家职业标准规定比重(%)	《框架》中鉴定要素名称	本命题中具体鉴定要素分解	配分	评分标准	考核难点说明
"F"	精度检验及误差分析	20	能够正确的使用量具	对工件进行尺寸测量	8	每遗漏一个扣2分	
			能够判断实际尺寸是否满足图纸和技术要求	判断切割零件是否满足要求	4	每遗漏一个扣2分	
			能够分析出常见的误差及缺陷产生的原因	分析误差及缺陷产生的原因	8	每少找一个扣2分	
质量、安全、工艺纪律、文明生产等综合考核项目				考核时限	不限	每超时5分钟,扣10分	
				工艺纪律	不限	依据企业有关工艺纪律规定执行,每违反一次扣10分	
				劳动保护	不限	依据企业有关劳动保护管理规定执行,每违反一次扣10分	
				文明生产	不限	依据企业有关文明生产管理规定执行,每违反一次扣10分	
				安全生产	不限	依据企业有关安全生产管理规定执行,每违反一次扣10分	

数控切割机床操作工(高级工)
技能操作考核框架

一、框架说明

1. 依据《国家职业标准》[注]，以及中国北车确定的"岗位个性服从于职业共性"的原则，提出数控切割机床操作工(高级工)技能操作考核框架(以下简称:技能考核框架)。

2. 本职业等级技能操作考核评分采用百分制。即:满分为 100 分，60 分为及格，低于 60 分为不及格。

3. 实施"技能考核框架"时，考核制件(活动)命题可以选用本企业的加工件(活动项目)，也可以结合实际另外组织命题。

4. 实施"技能考核框架"时，考核的时间和场地条件等应依据《国家职业标准》，并结合企业实际确定。

5. 实施"技能考核框架"时，其"职业功能"的分类按以下要求确定:

(1)"数控程序编制"、"工件加工"属于本职业等级技能操作的核心职业活动，其"项目代码"为"E"。

(2)"工艺准备"、"精度检验及误差分析" 和"设备的维护与保养"属于本职业等级技能操作的辅助性活动，其"项目代码"分别为"D"和"F"。

6. 实施"技能考核框架"时，其"鉴定项目"和"选考数量"按以下要求确定:

(1)按照《国家职业标准》有关技能操作鉴定比重的要求，本职业等级技能操作考核制件的"鉴定项目"应按"D"+"E"+"F"组合，其考核配分比例相应为:"D"占 20 分，"E"占 60 分(其中:程序编制 20 分，工件加工 40 分)，"F"占 20 分。

(2)依据中国北车确定的"核心职业活动选取 2/3，并向上取整"的规定，在"E"类鉴定项目——"数控程序编制"与"工件加工"的全部 2 项中，至少选取 2 项。

(3)依据中国北车确定的"其余'鉴定项目'的数量可以任选"的规定，"D"和"F"类鉴定项目——"工艺准备"和"精度检验及误差分析"、"设备的维护与保养"中，至少分别选取 1 项。

(4)依据中国北车确定的"确定'选考数量'时，所涉及'鉴定要素'的数量占比，应不低于对应'鉴定项目'范围内'鉴定要素'总数的 60%，并向上取整"的规定，考核制件(活动)的鉴定要素"选考数量"应按以下要求确定:

①在"D"类"鉴定项目"中，在已选定的 1 个或全部鉴定项目中，至少选取已选鉴定项目所对应的全部鉴定要素的 60%项，并向上保留整数。

②在"E"类"鉴定项目"中，在已选的 2 个鉴定项目所包含的全部鉴定要素中，至少选取总数的 60%项，并向上保留整数。

③在"F"类"鉴定项目"中，对应"精度检验及误差分析"和"设备的维护与保养" 在已选定的 1 个或多个鉴定项目中，至少选取已选鉴定项目所对应的全部鉴定要素的 60%项，并向上保留整数。

举例分析:

按照上述"第 6 条"要求,若命题时按最少数量选取,即:在"D"类鉴定项目中选取了"设备基本操作"1 项,在"E"类鉴定项目中选取了"数控程序编制"、"工件加工"2 项,在"F"类鉴定项目中分别选取了"精度检验及误差分析"和"设备的维护与保养"2 项,则:

此考核制件所涉及的"鉴定项目"总数为 5 项,具体包括:"设备基本操作","数控程序编制","工件加工","精度检验及误差分析","设备的维护与保养";

此考核制件所涉及的鉴定要素"选考数量"相应为 18 项,具体包括:"设备基本操作"鉴定项目包含的全部 4 个鉴定要素中的 3 项,"数控程序编制"、"工件加工"2 个鉴定项目包括的全部 12 个鉴定要素中的 8 项,"精度检验与误差分析"鉴定项目包含的全部 4 个鉴定要素中的 3 项,"设备的维护与保养"鉴定项目包含的全部 6 个鉴定要素中的 4 项。

7. 本职业等级技能操作需要两人及以上共同作业的,可由鉴定组织机构根据"必要、辅助"的原则,结合实际情况确定协助人员的数量。在整个操作过程中,协助人员只能起必要、简单的辅助作用。否则,每违反一次,至少扣减应考者的技能考核总成绩 10 分,直至取消其考试资格。

8. 实施"技能考核框架"时,应同时对应考者在质量、安全、工艺纪律、文明生产等方面行为进行考核。对于在技能操作考核过程中出现的违章作业现象,每违反一项(次)至少扣减技能考核总成绩 10 分,直至取消其考试资格。

注:按照中国北车规定,各《职业技能操作考核框架》的编制依据现行的《国家职业标准》或现行的《行业职业标准》或现行的《中国北车职业标准》的顺序执行。

二、数控切割机床操作工(高级工)技能操作鉴定要素细目表

职业功能	鉴定项目				鉴定要素		
	项目代码	名称	鉴定比重(%)	选考方式	要素代码	名称	重要程度
工艺准备	D	设备基本操作	20	任选	001	对设备进行安全检查	Y
					002	开机启动/关闭操作系统	Y
					003	选用适合加工使用的割嘴	X
					004	机床走零点,定位精度检验	Y
		加工准备			001	检查原材料标识及缺陷	X
					002	准备、核对要加工件的图纸	X
					003	能正确理解工艺技术要求	X
					004	能够正确选择工具、量具	Y
编程技术	E	数控程序编制	20	必选	001	掌握设备自带绘图软件,能绘制简单零件并转换为有效程序	X
					002	程序的调用及返回	X
					003	数控切割参数的设置	X
					004	数控切割路径的生成	X
					005	起弧点及微连接的设置	X
					006	图形到自动切割程序的转化	X
					007	单件排料	X

职业功能	鉴定项目				鉴定要素		
	项目代码	名称	鉴定比重（%）	选考方式	要素代码	名称	重要程度
工件加工	E	工件加工	40	必选	001	根据材料选择合适的设备	X
					002	选择合适的切割参数	X
					003	试运行，控制系统检验	X
					004	能用给定程序进行工件切割，工件达到标准：轮廓尺寸达到 ISO 9013—2002 标准中 2 级标准，断面无明显缺陷	X
					005	能对切割后产生的切割缺陷进行分析，并提出改进	X
精度检验及误差分析	F	精度检验及误差分析	20	任选	001	能够正确的使用量具	X
					002	能够判断实际尺寸是否满足图纸和技术要求	X
					003	能够分析出常见的误差及缺陷产生的原因	X
					004	能够采取相应措施预防或较少误差及缺陷的产生	X
设备的维护与保养		设备的维护与保养			001	设备操作规程	X
					002	设备日常点检	X
					003	设备润滑	X
					004	根据维护保养手册维护保养设备	X
					005	识别报警排除简单故障	X
					006	现场 5S 管理	X

数控切割机床操作工(高级工)
技能操作考核样题与分析

职 业 名 称：_____

考 核 等 级：_____

存 档 编 号：_____

考核站名称：_____

鉴定责任人：_____

命题责任人：_____

主管负责人：_____

中国北车股份有限公司劳动工资部制

职业技能鉴定技能操作考核制件图示或内容

按图纸要求,完成加强梁切割。

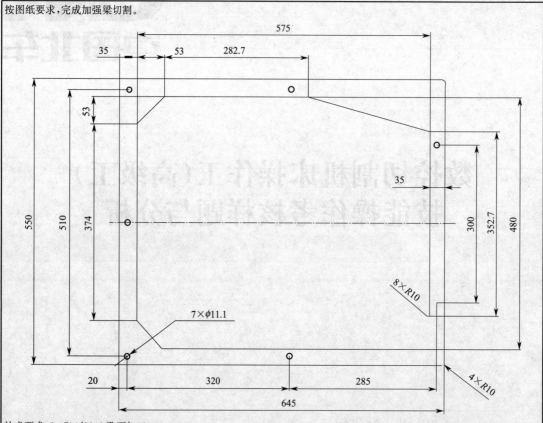

技术要求:1. 7×ϕ11.1孔不加工。

　　　　2. 轮廓尺寸达到 ISO 9013—2002 标准中 2 级标准,断面无明显缺陷。

职业名称	数控切割机床操作工
考核等级	高级工
试题名称	加强梁切割加工
材　质	任意材质

职业技能鉴定技能操作考核准备单

职业名称	数控切割机床操作工
考核等级	高级工
试题名称	加强梁切割加工

一、材料准备

材料材质：任意材质。

二、设备、工、量、卡具准备清单

序号	名　　称	规　　格	数量	备　　注
1	数控切割机床	任选	1台	
2	卷尺	3.5 m	1把	
3	卡尺	150 mm	1把	
4	直角尺	50 mm×100 mm	1把	可以是自制的
5	线号笔	黑色	1支	

三、考场准备

1. 相应的公用设备、设备与器具的润滑与冷却等；
2. 相应的场地及安全防范措施；
3. 其他准备。

四、考核内容及要求

1. 考核内容（按考核制件图示及要求制作）；
2. 考核时限180分钟；
3. 考核评分（表）。

职业名称	数控切割机床操作工		考核等级	高级工		
试题名称	加强梁切割加工		考核时限	180分钟		
鉴定项目	考核内容	配分	评分标准		扣分说明	得分
加工准备	检查原材料标识	4	不检测扣2分			
	检查原材料缺陷	4	不检测扣2分			
	核对要加工料件的图纸	8	漏一项扣2分			
	正确选用工具、量具	4	根据制件精度选取合适量具，量具选取不合理不得分			
数控程序编制	掌握绘图软件	2	不会使用不得分			
	绘制简单零件并转换程序	3	不会操作不得分			
	正确调用程序	3	调用错误不得分			
	正确设置切割参数	3	未设置扣2分			
	生成正确切割路径	3	不执行一次扣1分			
	设置零件切割起弧点及微连接	3	不执行一次扣1分			
	生成单件程序	3	不执行一次扣1分			

鉴定项目	考核内容	配分	评分标准	扣分说明	得分
工件加工	会根据材质选择相应设备	4	了解所切割材质应用设备		
	正确选择设备切割参数	6	漏选一个扣2分		
	正确操作设备试运行及控制系统检验	10	不执行一项扣2分		
	应用给定程序加工工件,切割效果达到指定标准	10	视成型情况给分		
	对切割工件进行切割缺陷分析	10	至少提出3条,每漏一条扣2分		
精度检验及误差分析	对工件进行尺寸测量	8	每遗漏一个扣2分		
	判断切割零件是否满足要求	4	每遗漏一个扣2分		
	分析误差及缺陷产生的原因	8	每少找一个扣2分		
质量、安全、工艺纪律、文明生产等综合考核项目	考核时限	不限	每超时5分钟扣10分		
	工艺纪律	不限	依据企业有关工艺纪律规定执行,每违反一次扣10分		
	劳动保护	不限	依据企业有关劳动保护管理规定执行,每违反一次扣10分		
	文明生产	不限	依据企业有关文明生产管理规定执行,每违反一次扣10分		
	安全生产	不限	依据企业有关安全生产管理规定执行,每违反一次扣10分		

职业技能鉴定技能考核制件(内容)分析

职业名称	数控切割机床操作工
考核等级	高级工
试题名称	加强梁切割加工
职业标准依据	中国北车数控切割机床职业标准

试题中鉴定项目及鉴定要素的分析与确定

鉴定项目分类 分析事项	基本技能"D"	专业技能"E"	相关技能"F"	合计	数量与占比说明
鉴定项目总数	2	2	2	6	
选取的鉴定项目数量	1	2	1	4	满足鉴定项目2/3的选取以及鉴定要素60%的选取
选取的鉴定项目 数量占比	50%	100%	50%	67%	
对应选取鉴定项目所包 含的鉴定要素总数	4	12	4	20	
选取的鉴定要素数量	3	11	3	17	
选取的鉴定要素 数量占比	75%	92%	75%	83%	

所选取鉴定项目及相应鉴定要素分解与说明

鉴定项目类别	鉴定项目名称	国家职业标准规定比重(%)	《框架》中鉴定要素名称	本命题中具体鉴定要素分解	配分	评分标准	考核难点说明
"D"	加工准备	20	检查原材料标识及缺陷	检查原材料标识	4	不检测扣2分	
				检查原材料缺陷	4	不检测扣2分	
			准备、核对要加工料件的图纸	核对要加工料件的图纸	8	漏一项扣2分	
			能够正确选择工具、量具	正确选用工具、量具	4	根据制件精度选取合适量具,量具选取不合理不得分	
"E"	数控程序编制	20	掌握设备自带绘图软件,能绘制简单零件并转换为有效程序	掌握绘图软件	2	不会使用不得分	
				绘制简单零件并转换程序	3	不会操作不得分	
			程序的调用及返回	正确调用程序	3	调用错误不得分	
			数控切割参数的设置	正确设置切割参数	3	未设置扣2分	
			数控切割路径的生成	生成正确切割路径	3	不执行一次扣1分	
			起弧点及微连接的设置	设置零件切割起弧点及微连接	3	不执行一次扣1分	
			单件排料	生成单件程序	3	不执行一次扣1分	
	工件加工	40	根据材质选择合适的设备	会根据材质选择相应设备	4	了解所切割材质应用设备	
			选择合适的切割参数	正确选择设备切割参数	6	漏选一个扣2分	

鉴定项目类别	鉴定项目名称	国家职业标准规定比重(%)	《框架》中鉴定要素名称	本命题中具体鉴定要素分解	配分	评分标准	考核难点说明
"E"	工件加工	40	试运行,控制系统检验	正确操作设备试运行及控制系统检验	10	不执行一项扣2分	
			能用给定程序进行工件切割,工件达到标准:轮廓尺寸达到 ISO 9013—2002 标准中 2 级标准,断面无明显缺陷	应用给定程序加工工件,切割效果达到指定标准	10	视成型情况给分	
			能对切割后产生的切割缺陷进行分析,并提出改进	对切割工件进行切割缺陷分析	10	至少提出 3 条,每漏一条扣 2 分	
"F"	精度检验及误差分析	20	能够正确的使用量具	对工件进行尺寸测量	8	每遗漏一个扣2分	
			能够判断实际尺寸是否满足图纸和技术要求	判断切割零件是否满足要求	4	每遗漏一个扣2分	
			能够分析出常见的误差及缺陷产生的原因	分析误差及缺陷产生的原因	8	每少找一个扣2分	
质量、安全、工艺纪律、文明生产等综合考核项目				考核时限	不限	每超时 5 分钟,扣 10 分	
				工艺纪律	不限	每违反一次扣10 分	
				劳动保护	不限	每违反一次扣10 分	
				文明生产	不限	考试作弊,取消成绩	
				安全生产	不限	有重大安全事故,取消成绩	